Agriculture traditionnelle et innovante : le secteur vitivinicole bio

Simona Giordano

Agriculture traditionnelle et innovante : le secteur vitivinicole bio

Une comparaison entre les Pouilles (Italie) et le Languedoc-Roussillon (France)

Presses Académiques Francophones

Impressum / Mentions légales

Bibliografische Information der Deutschen Nationalbibliothek: Die Deutsche Nationalbibliothek verzeichnet diese Publikation in der Deutschen Nationalbibliografie; detaillierte bibliografische Daten sind im Internet über http://dnb.d-nb.de abrufbar.

Information bibliographique publiée par la Deutsche Nationalbibliothek: La Deutsche Nationalbibliothek inscrit cette publication à la Deutsche Nationalbibliografie; des données bibliographiques détaillées sont disponibles sur internet à l'adresse http://dnb.d-nb.de.

Coverbild / Photo de couverture: www.ingimage.com

Verlag / Editeur:
Presses Académiques Francophones
ist ein Imprint der / est une marque déposée de
OmniScriptum GmbH & Co. KG
Heinrich-Böcking-Str. 6-8, 66121 Saarbrücken, Deutschland / Allemagne
Email: info@presses-academiques.com

Herstellung: siehe letzte Seite /
Impression: voir la dernière page
ISBN: 978-3-8416-3400-9

Zugl. / Agréé par: Montpellier, Université Paul Valéry Montpellier 3, 2015

Résumé de la Thèse

« Agriculture traditionnelle et innovante : le secteur vitivinicole biologique. Une comparaison entre les Pouilles (Italie) et le Languedoc Roussillon (France) »

Table des Matières

1. Introduction

Dans un contexte mondial caractérisé par une crise systémique très complexe, il est évident qu'aux changements structurels et continus (changements climatiques, pression croissante sur les ressources renouvelables, accroissement démographique), on a associé une crise économique dramatique dont les conséquences ne sont pas encore tout à fait prévisibles en termes d'aggravation de la pauvreté, de contraction des marchés internationaux, de contraction du crédit et des perspectives de développement.

L'agriculture est ainsi confrontée à des défis décisifs, dont l'issue est incertaine, en particulier dans certaines régions du monde; les modèles de développement qui émergent sont différents et se projettent, d'un côté, dans un secteur agricole «familial»[1] encore très fragile et, de l'autre, dans une agriculture de type «capitaliste» de plus en plus dominante.

Cependant, dans un tel contexte de crise, il semble que d'autres nouvelles opportunités peuvent naître, bien que dans le long terme; la coupure qui s'est créée et la rupture des schémas ont révélé la vulnérabilité des systèmes agricoles et agroalimentaires en plaçant en premier plan l'exigence d'innovation et de remise en question des modèles de développement. Dans un contexte et une période de grande incertitude, selon les variations des valeurs et des normes à la base des sociétés, ces dernières doivent se montrer créatives et réinventer les modalités de production, de transformation et de distribution des produits agricoles dans une perspective à long terme qui tienne en compte des territoires et des communautés qui y vivent, tout en focalisant l'attention sur le concept de durabilité.

En ce qui concerne le développement durable, les différents systèmes agricoles et agroalimentaires ont déplacé leur intérêt vers une perspective agroécologique[2], en soutenant les systèmes alimentaires locaux.

Ceux-ci évoluent en parallèle, en concurrence ou en complémentarité avec les systèmes de production dominants, et prennent des formes différentes selon qu'ils viennent de pays où l'agriculture est à un taux élevé de consommation de capital, d'intrants chimiques et d'énergie fossile, ou de pays où l'accès à ces ressources est insuffisant et, par conséquent, la productivité du travail est faible.

Au niveau mondial, il est essentiel de développer une prise de conscience majeure sur l'existence de ces systèmes innovants, de capitaliser ces expériences, dont certaines à l'état embryonnaire, et de faire ressortir un nouveau paradigme conceptuel de développement dans l'agriculture, qui ne soit pas uniquement du point de vue de la technologie et de l'organisation. Il faut s'interroger sur le degré des connaissances nécessaires pour promouvoir le développement durable, remettre en question la primauté de la connaissance scientifique par rapport aux autres types de connaissances et créer de nouveaux liens entre la recherche, les acteurs économiques, les acteurs de la société civile et les décideurs politiques. C'est dans cette perspective que la recherche agricole joue un rôle de premier plan dans la voie de l'innovation, sachant que l'agriculture ne doit plus exercer un rôle uniquement de production, mais d'interaction complexe avec l'environnement et la société dans son ensemble. Dans un débat scientifique qui s'anime de plus en plus, grâce aussi à l'ouverture imminente de l'Expo 2015 à Milan, on veut souligner le rôle que, dans ce processus d'innovation, chaque acteur peut jouer, ainsi que la caractérisation des facteurs qui déterminent les innovations mêmes, dans un contraste et une comparaison de positions sur les processus innovants réellement nécessaires pour le développement durable.

Sans aucune prétention d'exhaustivité, ce travail de thèse vise à enquêter sur certains aspects de l'innovation dans l'agriculture et à fournir également des points de réflexion en ce qui concerne le rôle que

---

[1] A ce propos, une brève définition initiale d'agriculture «familiale» renvoie à un modèle caractérisé par de petites entreprises agricoles, gérées par les membres de la famille qui s'occupent du travail et de l'organisation. En particulier dans les pays en développement, ces entreprises représentent une ressource fondamentale pour la production de nourriture, atteignant jusqu'à 80% du nombre total d'entreprises agricoles dans ces mêmes pays. Cf : www.fao.org.

[2] A l'agroécologie "on reconnaît aujourd'hui la valeur de nouveau paradigme scientifique pour répondre aux défis de la durabilité de l'agriculture et des systèmes agroalimentaires ". Cf : S. BOCCHI, M. MAGGI, *Agroecologia, sistemi agro-alimentari locali sostenibili, nuovi equilibri campagna-città*, dans "Scienze del Territorio", n. 2/2014, Firenze University Press, p. 95-100.

l'agriculture peut jouer dans le cheminement vers un développement réel des communautés rurales, qui vivent dans des territoires où l'agriculture même trouve sa raison d'être.

2. Agriculture traditionnelle et innovante

L'invention certainement la plus extraordinaire de l'histoire humaine, l'agriculture est, dans le cadre des différentes activités humaines, celle qui a le plus changé le paysage de façon considérable; un impact qui peut être défini, pour ainsi dire, «étendu», aussi bien au niveau spatial que temporel. Le paysage agricole est devenu aujourd'hui une constante du territoire, en alternance et en opposition aux zones où l'agriculture n'a jamais existée ou s'est arrêtée au fil du temps, et aux zones qui, par conséquent, apparaissent comme «abandonnées». Selon la définition de Formica[3], l'agriculture traditionnelle assure «un équilibre entre les besoins du groupe et la production locale basée sur la récolte de produits considérés comme étant essentiels pour la consommation. Le problème se résout avec des pratiques et des instruments habituels, en tenant compte des variations du nombre des consommateurs. Une telle situation est clairement conservatrice parce que la collectivité hésite face à toute démarche qui puisse briser l'équilibre de son existence». Dans le cadre d'une relation indispensable entre l'homme et la nature, il est intéressant de constater à quel point l'agriculture exprime ce qui peut être défini comme «territorialité», à savoir chaque résultat spécifique qui résulte de l'interaction des facteurs naturels et environnementaux (climat, territoire, paysage), avec le facteur humain (société, culture et traditions, religion), dans l'évolution du temps. Dans le cadre de la soi-disant «écogénèse territoriale», terme forgé par Raffestin[4], l'agriculture a joué un rôle clé dans le façonnement des paysages et dans la régulation de la vie de l'homme qui y vit; en outre, l'évolution des différents systèmes territoriaux reflète l'existence d'une sorte de code génétique dont les différentes formes d'agriculture sont porteuses[5]. Ce code, avec ses déterminants, modèle les paysages et exerce une forte influence sur chaque société et la culture qu'elle exprime, au point qu'on doit tenir compte que les limites géographiques entre un système territorial et l'autre ne sont pas des lignes bien définies, mais plutôt des passages gradés dont les nuances sont infinies; l'agriculture de cette manière se transforme et devient non seulement une activité nécessaire à l'homme pour la satisfaction des besoins alimentaires de base, mais aussi la clé de lecture et de compréhension de l'histoire passée et présente de chaque groupe humain. Malgré la présence d'une grande variété de spécificités territoriales, les différentes formes d'agriculture contribuent à composer la mosaïque du paysage au niveau mondial, en soulignant sa complexité. Les processus d'industrialisation et de la mondialisation de l'agriculture ont, au fil du temps, mis en danger sa spécificité territoriale et, par conséquent, sa capacité à transmettre à travers les générations le patrimoine d'un savoir-faire nécessaire pour l'auto-organisation, patrimoine qui coïncide avec l'identité même du système territorial local[6]. Le retour au sommet du modèle décrit par Kostrowicki[7] consiste, aujourd'hui, dans les formes peu nombreuses et vraiment distinctives de l'agriculture moderne, et détermine la réduction significative de la territorialité et son rôle de «code génétique territoriale».

La transition vers une agriculture réellement innovante se présente comme le seul parcours à suivre pour faire retour à la territorialité de l'agriculture, comme instrument indispensable pour la redécouverte d'une relation vertueuse entre l'homme et l'environnement et pour préserver le paysage.

Il est nécessaire, dans ce sens, de «mettre en œuvre celle qui a été définie comme la Révolution Doublement Verte (Griffon, 2002), c'est-à-dire produire plus en consommant moins» pour «mettre en place une série de politiques efficaces afin d'établir et de développer une agriculture respectueuse de

---

[3] C. FORMICA, *Geografia dell'Agricoltura*, "La Nuova Italia Scientifica", Rome, 1996, p.139-140.

[4] Cf., encore : C. RAFFESTIN, (1986a), *Ecogénèse territoriale et territorialité*, dans: Auriac, Franck, Brunet, Roger (Hg.), "Espaces, jeux et enjeux", Paris, S. 173-185.

[5] Les systèmes territoriaux, dans cette optique, peuvent etre considérés comme des systèmes ouverts et en évolution, et pour cela, assimilables aux "structures dissipatives". Cf.: PRIGOGINE I., STENGERS I., *La nuova alleanza. Metamorfosi della scienza*, tr. it. Sous la direction de P. D. Napolitani, Einaudi, Turin, 1999.

[6] Cf. : "La territorialité, une théorie à construire". Colloque du 28 septembre 2001 en hommage à Claude Raffestin suivi de Jocelyne Hussy. Le défi de la territorialité (extrait). Cahiers géographiques n° 4, 2002.

[7] J. KOSTROWICKI, *The Types of Agriculture Map of Europe in 9 Sheets 1:2.500.000*, "Institute of Geography and Spatial Organization", Warsaw, 1984.

chaque écosystème. La parcours pour atteindre la sécurité alimentaire passe par quatre étapes fondamentales: l'innovation, les marchés, les individus et la politique»[8]. Afin de marier les besoins de la production et de l'économique avec les besoins liés à la sauvegarde des écosystèmes, le secteur agricole doit développer de nombreuses fonctions qui vont bien au-delà des fonctions purement productives, pour s'étendre donc vers la protection des ressources naturelles jusqu'au développement socioéconomique des zones rurales, véritable incubateur des traditions agricoles les plus précieuses. Par rapport à ce qui vient d'être exposé, l'attention se pose à présent sur trois approches possibles pour l'innovation dans l'agriculture, à savoir: la multifonctionnalité, les produits typiques et l'agriculture biologique.

En ce qui concerne le lien avec les systèmes de connaissance et l'économie de la connaissance, il faut souligner que, aujourd'hui, au niveau européen et mondial il y de nombreuses discussions sur la complexité et l'efficacité des «Systèmes nationaux de la connaissance». Le retour au thème de l'innovation dans l'agriculture est déterminé par le fait que ce secteur est confronté à des défis très contraignants : le changement climatique, la sécurité alimentaire, l'utilisation efficace des ressources, les méthodes de production et de planification territoriale écologique, la sauvegarde de l'espace rural, la biodiversité (OCDE, 2011; Commission européenne, 2010c). Aujourd'hui, les raisons qui déterminent la nécessité de reprendre la recherche et l'innovation dans l'agriculture sont différents par rapport à ceux qui existaient à l'origine de la Révolution Verte[9]; les défis sont décrits par la Stratégie Europe 2020 (Commission européenne, 2010a), et aussi par l'initiative pilote de l'UE pour une Union de l'Innovation (Commission européenne, 2010b). Dans cette nouvelle perspective, la recherche agricole doit aborder des thèmes beaucoup plus vastes et problématiques que dans le passé : la nécessité de maintenir ou d'augmenter la productivité dans l'agriculture et, simultanément, de respecter la biodiversité et la durabilité de l'environnement implique le support aux approches scientifiques «pluralistes»(Commission européenne, 2011a). Les innovations exigées ne concernent pas seulement la technologique mais aussi la société et son organisation ; en outre, elles doivent répondre simultanément à plusieurs objectifs, tels que la sécurité alimentaire, la production de biomasses et la sauvegarde de l'environnement, tout en maintenant ou en augmentant la productivité.

3.   Le terroir et la typicité, à l'origine des politiques soutenant le secteur

Les différentes sources du terme «terroir»[10] ont conduit à une utilisation approximative du terme; le retour de l'intérêt pour l'origine des produits en Europe au cours de la dernière décennie et l'intérêt pour «les produits du terroir» n'ont pas aidé à éclaircir son utilisation. Dans le secteur du vin, le mot terroir n'a pas toujours eu une connotation positive; au dix-neuvième siècle[11], le vin du terroir était un «vin paysan», par opposition au vin noble classé comme de valeur. Tout d'abord, le terroir peut représenter un espace géographiquement délimité; la notion de terroir est en fait l'objet d'une tradition très riche du point de vue géographique, résumée par Sandrine Sheffer[12]. Le concept de délimitation reflète les limitations découlant d'une construction humaine formalisée par des actes administratifs, et pas seulement par des facteurs physiques. Dans la pratique, l'INAO a ainsi conduit à «faire une délimitation du lieu de production, qui doit être fondée sur des facteurs naturels... et sur des facteurs humains ... La méthode de délimitation implique de tenir compte des réalités locales complexes et seule l'observation de ces facteurs sur le champ permet de déterminer les critères de délimitation les plus pertinents qui peuvent varier d'une région à une autre».

Le terroir naît comme une accumulation d'expériences individuelles et collectives, qui s'inscrit dans un processus temporel, dans une histoire en voie de développement, conduisant à des innovations continues; dans ce sens, le terroir suppose un partage de connaissances individuelles qui ne rendent pas le terroir une

---

[8] L. DE COMITE, S. GIORDANO, cit., p.114. Voir aussi : M. GRIFFON, *Révolution Verte, Révolution Doublement Verte. Quelles technologies, institutions et recherche pour les agricultures de l'avenir?*. dans "Mondes en développement", 1, n.117, 2002.

[9] La Green Revolution, ou RévolutionVerte, a été fondée par Norman Borlaug.

[10] S. SHEFFER, *Qu'est-ce qu'un produit alimentaire lié à une origine géographique?* in "L'information géographique", Paris, Persée, MERS, 2004, vol. 68, n° 3, pp. 276-208.

[11] JULLIEN A., *Topografia di tutti i vigneti conosciuti*, (troisième édition), Paris, 1832, p. 580.

[12] S. SHEFFER, *Qu'est-ce qu'un produit alimentaire lié à une origine géographique?*, cit.

création strictement individuelle. Il désigne l'ensemble des activités qui confèrent à un bien une valeur ajoutée économique ou symbolique[13]; le processus d'accumulation est basé sur un système d'interactions qui mettent en jeu des facteurs liés à l'environnement (sol, climat, topographie, plantes, animaux, microorganismes), et inséparablement, les facteurs humains[14], y compris la planification. Cette dernière est analysée dans les pages qui suivent grâce à l'analyse des politiques en matière d'agriculture et d'innovation.

En analysant le terme de «typicité», on découvre qu'il s'agit d'un néologisme désignant la généralité des caractères des mots «type» et «typique» d'où son origine. Pour les produits agricoles, le mot représente une catégorie : «Le "type" se défini comme étant une catégorie de produits qui forment une unité ou un ensemble», c'est donc un ensemble d'éléments qui peuvent décrire, analyser ou comparer. Il y a deux écoles de pensée qui se partagent la notion de typicité : l'une considère la typicité comme un objet quantifiable par des mesures instrumentales[15]; l'autre considère la typicité comme une matière complexe, étant le résultat d'une construction humaine.

L'appartenance au «type» est construite en mesure nécessaire mais insuffisante sur les spécificités du type, un ensemble de caractéristiques mesurables ou vérifiables. Elles comprennent à la fois les caractéristiques qui décrivent le produit final (surtout sensorielles et analytiques), celles qui sont liées aux phases d'élaboration du produit final, ainsi que les caractéristiques sociales et culturelles. En outre, la typicité d'un produit est établie par un groupe de personnes de référence (GHR). Les acteurs impliqués sont nombreux et différents : producteurs, transformateurs, auteurs de la réglementation et surtout consommateurs dont l'opinion est prise en compte par les autres opérateurs. Tout cela suppose une organisation du GHR qui structure les informations et permet de reconnaître la typicité ainsi construite; il s'agit de connaissances «distribuées», c'est-à-dire qu'aucun acteur du GHR ne peut prétendre les posséder entièrement. Parmi les nombreuses expressions de la typicité, la «typicité liée au terroir» est une construction particulière qui reflète l'effet du terroir sur un produit donné. La typicité ne contient pas un lien physique avec le terroir; des éléments de typicité (espèces ou variétés, certaines opérations technologiques) peuvent faire l'objet d'une libre localisation. Lorsque le lien avec le terroir est revendiqué, il doit répondre à la notion de «typicité liée au terroir». Cette nouvelle conception est la propriété d'appartenance d'un produit à une catégorie particulière, construite dans le temps sur un terroir qu'elle contribue à identifier et à définir, liée à une «origine géographique», qui englobe les facteurs humains localisés (hommes, pratiques) et qui est revendiquée par une communauté. Cette affirmation est d'un intérêt considérable dans l'analyse du secteur vitivinicole et représente un aspect central de cette thèse.

3.1. Le terroir vitivinicole

En particulier, pour les opérateurs de monde vitivinicole, le terme «terroir» est un mot magique qui justifie à lui seul la qualité d'un vin; mais derrière ce terme, l'analyse des discours des professionnels révèle des conceptions différentes; le terroir et la façon dont les hommes se l'imagine évolue avec le contexte dans lequel il est cité. Le terroir est donc considéré dans toute sa complexité, étant le terroir des vins interprété de plus en plus comme un système géographique mondial : le projet social prévaut sur le terroir agronomique.

Le terroir agronomique est un environnement original, caractérisé par l'homogénéité des éléments géologiques et pédologiques, topographiques et climatiques, complétés par des facteurs humains tels que le choix du cépage ou la façon de mener le vignoble. Le terroir est désormais reconnu comme tel, en France, par l'INAO: «Un terroir est un espace géographique délimité où une communauté humaine a construit à travers l'histoire une connaissance intellectuelle collective de production basée sur un système d'interaction entre un milieu physique et biologique, et un ensemble de facteurs humains dans lequel les

---

[13] D. BARJOLLED, B. SYLVANDER, *Alcuni fattori di successo per i prodotti di origine controllata*, dans "Agri-Food Supply Chains" dans "Europa: Mercato, risorse interne ed istituzioni", Economies et Société, *Quaderni dell'ISMEA, Serie Sviluppo Agroalimentare*, 25, 2002.

[14] INAO, *Les terroirs viticoles : du concept au produit, rapport au comité national uins et eaux de vie*, Paris, 2002.

[15] S. KELLY, K. HEATON et J. HOOGEWERFF, *Tracciando le origini geografiche del cibo: l'applicazione di un'analisi multiforme e multi-isotopica*, "Trends in Food Science & Technology", 16 (12), 2005, p. 555-567.

itinéraires sociotechniques mis en jeu révèlent une originalité, confèrent une typicité, et créent une réputation pour un produit original de ce terroir»[16]. Considérer tous les éléments de ce système géographique qu'est le terroir vitivinicole conduit au terroir social[17]. Compte tenu de l'importance des intérêts sociaux et des organisations sociales, le terroir ne deviendrait-il pas principalement une organisation et un espace social? Le terroir est unique puisque c'est un système d'action concret qui gère les relations entre les opérateurs du terroir où «la synergie des conditions naturelles a créé une typicité organoleptique, la synergie des gestions crée la puissance de la vigne, la synergie des valeurs socioculturelles crée la réputation d'une dénomination[18]». Le terroir est donc «une individualité géographique»[19], «une médaille frappée à l'image d'un peuple»[20]. Enfin, le terroir offre une alternative à la marque pour une viticulture de qualité, dans la mesure où le terroir est conçu comme un signe d'identification ou d'identification d'un vin, signe de spécificité et de conformité à une discipline de production, garantie d'un certaine qualité pour le consommateur[21]. En ce sens, le vin de terroir semble bien correspondre à un mouvement profond qui touche durablement les relations entre les producteurs et les consommateurs; il semble représenter un moyen possible pour sortir d'une triple crise: crise agricole, crise alimentaire, crise d'identité.

3.2. La PAC et l'innovation

La PAC précédente (2007-2013) ne prévoyait pas des financements spécifiques dédiés à la recherche et à l'innovation dans l'agriculture, même si elle contenait certaines mesures ayant un impact direct sur les systèmes de connaissance et sur l'innovation, ainsi que sur la capacité innovante des opérateurs dans le secteur. En passant à l'analyse de la nouvelle programmation, ayant comme horizon temporel les années 2014-2020, celle-ci pose au centre de l'attention l'amélioration de la productivité agricole à travers la promotion de la recherche, la diffusion du savoir-faire et des connaissances, et la promotion de la coopération entre les acteurs impliqués de différentes manières, les soi-disant stakeholders[22]; ces objectifs stratégiques sont poursuivis en synergie et en étroite coordination avec la stratégie Europe 2020[23]. L'ensemble tourne encore autour de deux piliers, avec la présence d'une série d'instruments entre eux complémentaires même si visant à atteindre les mêmes objectifs; c'est aux deuxième de ces piliers qu'on a attribué le but de guider le développement des zones rurales, considérées comme l'incubateur idéal pour la naissance et le développement d'une agriculture plus compétitive et plus durable. Parmi tous ces outils, on retrouve[24] la nouveauté du verdissement (*greening*), dont on parlera dans les paragraphes suivants, pour le développement durable des petites entreprises.

---

[16] Document de travail, Groupe INRA-INAO, septembre 2004.

[17] J.C. HINNEWINKEL, *Terroirs viticoles et appellations: Historique et actualités dans les vignobles de rive droite de la Garone*, Les coteaux du Bordelais, Recherches rurales n°1, Cervin, GEASO, 1997.

[18] J. MABY., *Campagne di ricerca. Approccio sistemico dello spazio rurale*, Avignon, Université d'Avignon et des Pays de Vaucluse, 2002, col. 1, p. 154.

[19] *Idem*.

[20] P. VIDAL DE LA BLACHE, *Tableau de la Géographie de la France*, in "Histoire de France", Paris, 1903-1922, Paris, rééd. Éd. de la Table Ronde, 1994, p. 20. Paul Vidal de la Blache parlait encore de la France, mais le concept s'adapte très bien à tout type de territoire et donc même au terroir vitivinicole.

[21] C. PERI, D. GAETA, *La necessaria riforma della regolamentazione europea delle denominazioni di qualità e di origine*, "Economia rurale" 258, juillet-août 2000, p. 42-53.

[22] Le concept connu sous l'acronyme AKIS (Agricultural Knowledge and Information System) remonte aux années '60 et il est conçu par les partisans de la politique agricole de l'époque pour instituer un réseau d'acteurs, l'AKS (Agricultural Knowledge System), apte à coordonner le processus de création et de transfert des connaissances, de telle façon à pouvoir accompagner et favoriser le processus de modernisation du secteur agricole.

[23] Il s'agit des cinq objectifs clés que l'Union Européenne s'est fixée, pour 2020, visant à relancer «*l'économie de l'UE au cours de la prochaine décennie. Dans un monde en mutation, l'UE a l'intention de devenir une économie intelligente, durable et solidaire*». Cf. http://ec.europa.eu/europe2020/index_it.htm

[24] Cf. VAGNOZZI A., *La nuova consulenza gioca a tutto campo*, "Pianeta PSR", Speciale PAC, Rete Rurale Nazionale, 2011.

Il est important de souligner également la création du Partenariat Européen pour l'Innovation (European Innovation Partnership – EIP[25]); en utilisant un réseau à échelle communautaire, ainsi qu'un réseau européen pour le développement rural, et des groupes opérationnels constitués auprès des différents États membres par les représentants des entreprises, du monde de la consultation et de la recherche, ce partenariat vise à établir des liens précieux entre le secteur de la recherche, les agriculteurs-entrepreneurs, et les conseillers qui les aident. Ces liens visent à encourager le développement de l'agriculture durable, dans le cadre d'une attention de plus en plus majeure sur les exigences de la bioéconomie et de la protection de l'environnement, et à répondre aux besoins de la recherche et du développement issu du secteur agricole[26].

Suite à cette Programmation, la Commission européenne a fait paraître un nouveau règlement de recherche intitulé «Horizon 2020»[27], c'est-à-dire le Programme-Cadre pour la Recherche et l'Innovation en vigueur de 2014 à 2020 (Huitième Programme Cadre), visant à soutenir les activités de recherche et de développement, et d'innovation, dans tous les secteurs, y compris celui de l'agriculture; ici, en fait, l'objectif à poursuivre est double: d'une part, assurer la sécurité alimentaire et, de l'autre, rendre les systèmes de production plus efficaces, plus compétitifs et écologiquement durables.

3.2.1. Le verdissement (Greening)

L'analyse du verdissement est fondamentale; dans le cadre des composants énoncés dans la nouvelle PAC (Politique Agricole Commune)[28], le verdissement (ou paiement vert) joue un rôle très important, car il représente le deuxième de ces composants, immédiatement après le paiement de base, pour un investissement fixe de **30%** des ressources financières, identique pour tous les États membres. Le verdissement, véritable nouveauté de la nouvelle PAC, concerne le processus de verdissement de soutien au secteur agricole, un soutien renouvelé dans le sens de favoriser des changements importants dans la gestion des entreprises agricoles, en particulier celles destinées aux cultures intensives dans les plaines. Prérequis fondamental pour avoir accès au verdissement est la réception du paiement de base, dont les conditions requises sont propédeutiques et obligatoires. Après cette évaluation, les agriculteurs doivent respecter, sur des hectares admissibles aux paiements cités, trois pratiques agricoles considérées comme positives et bénéfiques pour le climat et l'environnement, à savoir:

- La diversification des assolements;

- Le maintien des prairies permanentes;

- La présence de surfaces à intérêt écologique.

Ces pratiques, à respecter conjointement, sont les mêmes pour tous les opérateurs dans le secteur agricole qui font partie des États membres de l'Union, sans possibilités de dérogations et/ou changements.

---

[25] Cf. http://ec.europa.eu/research/innovation-union/index_en.cfm?pg=eip et, surtout au secteur agricole http://ec.europa.eu/eip/agriculture/.

[26] Comparer les résultats de la Conférence qui a eu lieu le 7 mars 2012 auprès de la Commission Européenne, dont le titre est "Enhancing innovation and the delivery in European research agriculture", disponibles en cliquant sur le lien http://ec.europa.eu/agriculture/events/research-conference-2012_en.htm.

[27] Cf. http://ec.europa.eu/programmes/horizon2020/.

[28] Il existe plusieurs sources disponibles pour consulter la nouvelle PAC. Le site de la Commission Européenne offre une présentation en cliquant au lien suivant : http://ec.europa.eu/agriculture/cap-post-2013/index_fr.htm.

3.3. La réglementation du secteur vitivinicole Bio : un long parcours

La réglementation en matière de production de vin biologique a fait l'objet d'un parcours long et complexe, dont on retrace ci-dessous les étapes principales[29].

En 1991, avec l'introduction du premier Règlement européen sur la production d'aliments biologiques, Règlement n.2092/91, les produits végétaux et leurs produits transformés ont été règlementés, y compris la production de raisins. Il a été donc possible de produire et commercialiser du «vin issu de raisins biologiques» (pas encore «vin biologique»). Au cours de la décennie suivante, en vertu de l'important développement de la viticulture biologique, les producteurs ont commencé à demander de façon de plus en plus insistante une réglementation commune, et la même instance a été soulevée par les pays extra-européens importateurs de vins européens.

En juin 2004, par conséquent, la Commission a lancé un plan d'action communautaire pour l'agriculture biologique, y compris une initiative spécifique visant à évaluer la possibilité d'un règlement sur la vinification biologique. Entre 2006 et 2009, le projet ORWINE[30] a fourni à la même Commission une longue liste de recommandations normatives. Simultanément, la révision du Règlement de 1991 a conduit au Règlement CE 834/2007 (à compter du 1er janvier 2009)[31], où pour la première fois apparaît l'expression «vin biologique». Il faut mentionner également l'initiative concernant la Charte Européenne de Vinification Biologique (EOWC)[32], mise en place par un groupe d'associations en provenance de France, Espagne, Italie et Suisse, visant à harmoniser les normes privées utiles pour créer un projet de base pour un règlement commun. Les travaux de la Commission, supportés par l'intervention d'une équipe d'experts de la EOWC et de IFOAM UE, ont conduit à la formulation d'une proposition commune, et à la finalisation d'un nouveau règlement, comme il en résulte de la 105ème réunion du SCOF(Standing Committee on Organic Farming) du 8 février 2012[33]; la publication du «Règlement d'exécution n.203/2012 de la Commission du 8 mars 2012 modifiant le règlement (CE) n.889/2008 fixant les modalités d'application du règlement (CE) n.834/2007 du Conseil concernant les modalités d'application sur le vin biologique»[34], et l'introduction du nouveau régime le 1er août 2012.

3.4. La vitiviniculture durable et biologique

Le vin, communément reconnu comme un type particulier de produit agroalimentaire transformé, présente de nombreuses caractéristiques différentes, en particulier la relation étroite qui semble exister entre le vin en question et le territoire d'origine, l'environnement et l'écosystème en général (dans ses composantes non seulement naturelles, mais liées aussi au patrimoine des traditions et de la culture, et du capital humain), relation fondée sur un réseau complexe d'interactions, entre tous les éléments et les sujets impliqués. C'est pendant la seconde moitié du siècle dernier qu'on peut dater la naissance de l'intérêt pour la vitiviniculture «propre»; depuis lors, cet intérêt s'est affirmé progressivement entre les opérateurs, et cela a engendré également le développement des procédés et des méthodes de production de vin, en accord avec les critères de l'agriculture biologique. Les consommateurs montrent également un intérêt croissant pour le lien étroit qu'il existe entre ce produit et l'environnement[35], et aussi une appréciation croissante vers les opérateurs du secteur qui adoptent des pratiques «vertes», pour soutenir non seulement l'environnement mais aussi les habitats naturels et la faune sauvage. Si les consommateurs sont de plus en plus désireux de «boire sain», les viticulteurs doivent faire face aux nouvelles exigences de la société et aux demandes des législateurs, en particulier au niveau communautaire. Il est donc inévitable remettre en question les pratiques vitivinicoles; produire de façon «alternative» représente la ligne

---

[29] Les références à ce sujet sont tirées du document publié ad hoc par l'IFOAM, disponible sur son site : http://www.ifoam-eu.org/sites/default/files/page/files/ifoameu_reg_wine_dossier_20130_it.pdf.

[30] Pour une recherche plus approfondie, confronter avec le site : http://www.orwine.org/.

[31] Cit.

[32] Cf. http://www.organic-wine-carta.eu/.

[33] Pour le SCOF, cf. http://ec.europa.eu/agriculture/committees/organic/105.pdf.

[34] Cf. http://eur-lex.europa.eu/legal-content/IT/TXT/?qid=1410294938296&uri=CELEX:32012R0203.

[35] Cf. L. THACH, T. MATZ, *Wine a Global Business*, "Miranda Press", Elmsford, New York, 2008.

directrice sur laquelle se basent de nombreux producteurs engagés à soutenir les pratiques de la viticulture durable, dont la définition se lie à un vin qui «doit assurer la durabilité du vignoble et le revenu des agriculteurs par une production régulière et de qualité, en préservant l'environnement et l'homme»[36].

La vitiviniculture a énormément bénéficié des progrès de la révolution agricole de 1950, aussi bien chimiquement que mécaniquement[37], ainsi que les autres secteurs de l'agriculture. Depuis lors, et jusqu'à la moitié des années 1990 environ, les viticulteurs ont essayé de mécaniser la plupart des travaux, ainsi que d'utiliser massivement les pesticides; cela a nui à l'image des territoires viticoles qui ont risqué de disparaître. Il faut inévitablement considérer que l'image du vin est fortement liée à sa qualité, mais aussi aux conditions dans lesquelles le vin est produit; à cet égard, les différentes formes de viticulture durable deviennent un moyen essentiel pour regagner la confiance des consommateurs et, finalement, pour une meilleure et plus efficace commercialisation de la production.

La viticulture durable et «raisonnée»[38] est certainement une nécessité imposée surtout pour des raisons environnementales; c'est une forme de viticulture caractérisée par la réduction, voire l'élimination totale, des traitements antiparasitaires chimiques, qui doivent être utilisés en suivant des rythmes précis, des quantités et des dosages corrects, ainsi que par la réduction de l'écoulement hydrique et de l'érosion grâce à une meilleur engazonnement. Il en résulte que les viticulteurs sont confrontés à un processus de changement principalement lié à leurs pratiques viticoles, à ce genre de pratiques viticoles qui utilise des savoir-faire et des connaissances externes[39]. Le rôle de l'Etat est également important en tant que guide pour le développement de la viticulture durable, surtout en ce qui concerne les réglementations communautaires[40] dans le secteur de la viticulture. Il convient de citer aussi les productions de vins à partir de raisins obtenus par des méthodes de culture biologique et biodynamique. Dans le passé les producteurs et les consommateurs utilisaient couramment les expressions «vin biologique» ou «vin biodynamique», encore très utilisées, et presque implicitement reconnues, bien que la législation ne réglementait que la production de la matière première, c'est-à-dire les raisins[41].

Sur la délicate question du rapport entre le développement de la viticulture durable et la durabilité des zones viticoles, deux éléments de réflexion peuvent être offerts, sur lesquels il faudra réfléchir les années à venir: d'abord, la viticulture durable est, même si indirectement, au service d'une certaine forme de «embellissement» des paysages de vignobles. Préserver les territoires du vin signifie aussi les protéger physiquement et, dans ce sens, la viticulture durable est une approche écologique indéniable; mais les démarches décrites, en faveur de l'environnement, dépassent le point de vue écologique, l'idée d'une simple sauvegarde et conservation. On peut affirmer qu'elles mènent à rendre pérennes les territoires viticoles, permettant aux producteurs de surmonter la crise économique actuelle; la viticulture durable peut être en mesure de rétablir la confiance des viticulteurs vers leur propre travail et à encourager ainsi une plus grande agressivité économique sur les marchés mondiaux, dans la conviction de suivre un parcours soutenu par une approche correcte en termes de protection de l'environnement et de qualité du produit fini.

---

[36] Cf. Ministère de l'Agriculture, de la Pêche et de la Ruralité, 2005, Guide pour une protection durable de la vigne : stratégie de protection pour une utilisation raisonnée et durable des intrants phytosanitaires en viticulture, p. 34.

[37] Il suffit de penser à la «révolution verte» qui a représenté une approche innovante pour les questions de la production agricole en mettant en corrélation étroite : les variétés de cultures avec haut potentiel génétique; le recours à l'utilisation d'engrais et d'autres produits agrochimiques; l'utilisation d'une irrigation systématique. Ces actions ont permis une augmentation significative des productions agricoles dans la plupart des pays du monde. Le processus d'innovation dans les techniques agricoles a commencé au Mexique en 1944, grâce au scientifique généticien Norman Borlaug (prix Nobel de la paix en 1970), qui voulait réduire le risque de famine dans le monde.

[38] Comme déjà souligné, dans le domaine agricole, le terme français "raisonnée" correspond, en bonne partie, au terme italien "integrata" (intégrée).

[39] Cf. G. GUILLE-ESCURET, *Les techniques, entre tradition et intention*, "Techniques et culture", n° 42, Du virtuel@l'âge du fer.com, décembre (2003). Dans ce texte, l'auteur fait une réflexion sur la façon dont les aspects plus strictement viticoles ont tendance à échapper à ces producteurs qui adhèrent à une cooperative de secteur.

[40] L'on se référera à ce secteur, en considérant les références faisant l'objet de cette thèse.

[41] La nouvelle règlementation a spécifié correctement cette terminologie.

4. Enquête

4.1 Contexte et méthode adoptée

La recherche bibliographique menée pendant les phases initiales du Doctorat a permis non seulement d'acquérir des connaissances approfondies sur les sujets faisant l'objet de cette thèse, mais d'explorer également, du moins en partie, le scénario du secteur vitivinicole biologique, biodynamique et de tout ce que généralement on définit comme "naturel".

Cette exploration a constitué la phase préliminaire du travail sur le terrain décrit dans ce chapitre; ce même travail vise à comprendre les dynamiques traversant le secteur en question, permettant aux entreprises actives de s'exprimer. Les analyses effectuées dans cette direction, parmi lesquelles se détache le projet ORWINE[42], se réfèrent à deux typologies principales[43] : d'un côté, des enquêtes sur le système du vin sont présentes pour obtenir principalement un cadre sur les dimensions et les dynamiques générales du secteur, aussi bien pour des petits contextes que pour des contextes plus larges[44]; de l'autre, il y a des enquêtes de "marché", visant à étudier et à comprendre les comportements des consommateurs et les critères à la base de leurs choix d'achat[45].

Après la phase d'exploration du scénario concernant le secteur en question, un questionnaire[46] a été préparé et soumis aux entreprises vitivinicoles; celui-ci a représenté la base du travail dans le secteur visé par ce chapitre. Le questionnaire, composé de trois parties principales, a été soumis à un échantillon de viticulteurs à partir de la deuxième année du Doctorat.

La première partie du questionnaire se réfère à l'entreprise agricole en termes généraux, c'est-à-dire à ses coordonnées et aux aspects liés à la production, y compris toutes les questions qui introduisent les définitions de certains aspects du vin biologique; la deuxième partie se concentre sur les questions liées au marché, au marketing et aux stratégies de communication. Les quinze questions qui ont été posées concernent la description des canaux de vente, les opinions concernant les obstacles présents et futurs au développement du marché du vin biologique, ainsi que la participation à des événements promotionnels et aux marchés actuels aux débouchés privilégiées.

La troisième et dernière partie du questionnaire examine de façon plus détaillée la perception que les interviewés ont par rapport aux particularités du secteur de l'agriculture biologique et/ou biodynamique, à travers cinq questions sur l'importance de cette méthode de production pour sauvegarder la biodiversité et le paysage, des actions poursuivies au niveau de l'entreprise dans cette direction, et des changements que cette méthode a apporté au niveau aussi bien de la seule entreprise que d'un éventuel organisme collectif (association ou autre).

Aussi bien dans la première section que dans la troisième on a essayé de tester la perception que les producteurs ont vis-à-vis de la réglementation dans le secteur, afin de mieux comprendre les éventuels points forts ou faiblesses du récent Règlement d'exécution n°203 de 2012, déjà mentionné à plusieurs reprises.

---

[42] Sur le projet Orwine, lire le chapitre II.

[43] Cf. A. CASTELLINI, et al., *Italian market of organic wine: a survey on production system characteristics and marketing strategies*, "Wine Economics and Policy", 2015.

[44] Cf. M. CRESCIMANNO, G.B. FICANI, G. GUCCIONE, T*he production and marketing of organic wine in Sicily*, Br. Food. J., 104 (3-5), 2002, p. 274-286; M. BRUGAROLAS, L. MARTINEZ-CARRASCO, R. BERNABEU, A. MARTINEZ-POVEDA, *A contingent valuation analysis to determine profitability of establishing local organic wine markets in Spain*, Renew. Agric. Food Syst. 25 (1), 2009, p. 35-44; L. ROSSETTO L., *Marketing strategies for organic wine growers in the Veneto region*, Working Paper WP02-4, 2002, accessible en cliquant sur le lien http://ageconsearch.umn.edu/bitstream/14363/1/wp02-04.pdf

[45] Sur ces deux aspects cf. M. JONIS, H. SOLTZ, O. SCHMID, U. HOFMANN, G. TRIOLI, *Analysis of organic wine market needs*, in "Proceedings of the 16th IFOAM Organic World Congress", 16-20 juin 2008, Modena, disponible en cliquant sur le lien orgprints.org/12161/1/Orwine_market_study.doc.

[46] Le texte intégral du questionnaire se trouve dans l'appendice.

L'échantillon comprend 34 entreprises certifiées biologiques et/ou biodynamiques, dans les Pouilles et en Languedoc-Roussillon; la sélection a été faite en privilégiant les entreprises à circuit court[47], dont les noms ont été obtenus à partir de la base de données de l'Institut Agronomique Méditerranéen (IAM) et de la liste des membres de SudVinBio[48], une association interprofessionnelle présente en Languedoc-Roussillon. On a décidé de donner la priorité aux «voix» en provenance de la province de Bari et du département de l'Hérault, puisque c'est là que sont situés les sièges des trois institutions impliquées dans le parcours de Doctorat. Le nombre des questionnaires remplis a été élevé, environ 90%, un chiffre rendu possible grâce aussi à la façon dont le questionnaire a été soumis; premièrement on a procédé à l'envoyer par courrier électronique et ensuite il y a eu des rencontres sur place dans les Pouilles, des entretiens directs[49] dans les entreprises agricoles et à l'occasion du Vinitaly à Vérone et, en ce qui concerne le Languedoc-Roussillon, les entretiens ont été faits à l'occasion du Millésime Bio de Montpellier.

L'analyse des données recueillies, qui s'est avérée très intéressante et importante, est rapportée en détail dans les paragraphes qui suivent.

4.2. Etude de la filière vitivinicole Bio: comparaison entre Languedoc-Roussillon (France) et Pouilles (Italie)

L'échantillon

Région Département/Province	Effectif
Languedoc-Roussillon	**15**
Aude	2
Gard	3
Hérault	7
Pyrénées-Orientales	3
Pouilles	**14**
Bari	9
Foggia	3
Taranto	2
Total général	**29**

---

[47] Dans ce cas, on se réfère aux entreprises agricoles qui incluent toutes les phases du circuit, de la culture de la vigne (matière première), à la mise en bouteille et à l'étiquetage.

[48] Cf. le site http://www.sudvinbio.com/

[49] Les rencontres ont été possibles grâce à la collaboration avec le professeur Vincenzo Verrastro de l'Institut Agronomique Méditéranéen de Valenzano (Bari).

Nombre total d'employés

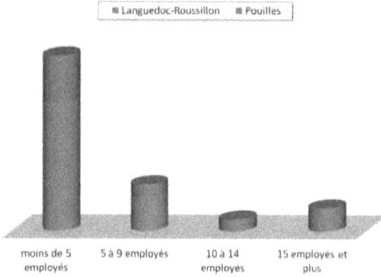

Languedoc-Roussillon   Pouilles

moins de 5 employés | 5 à 9 employés | 10 à 14 employés | 15 employés et plus

Superficie plantée de vignes (ha)

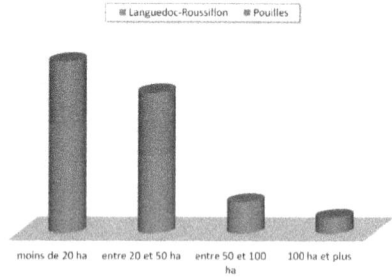

Languedoc-Roussillon   Pouilles

moins de 20 ha | entre 20 et 50 ha | entre 50 et 100 ha | 100 ha et plus

Production (hl)

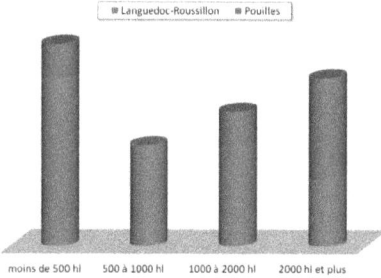

Languedoc-Roussillon   Pouilles

moins de 500 hl | 500 à 1000 hl | 1000 à 2000 hl | 2000 hl et plus

Nombre d'appellations

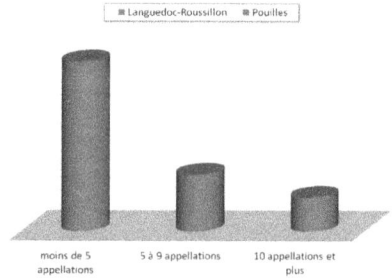

Languedoc-Roussillon   Pouilles

moins de 5 appellations | 5 à 9 appellations | 10 appellations et plus

Présence d'agritourisme dans l'entreprise

Effectif	Languedoc-Roussillon	Pouilles	Total général
Oui	3	4	7
Non	10	5	15
Non-réponse	2	5	7
Total général	15	14	29

Les exploitants dans les Pouilles ont fourni significativement moins d'informations concernant la structure de leur exploitation.

Les exploitations de petite taille (moins de 5 employés) se rencontrent plus significativement en Languedoc-Roussillon, les exploitations de 10 employés et plus ne se trouvent que dans les Pouilles.

En Languedoc-Roussillon, la moitié des exploitations ont une superficie plantée en vigne inférieure à 20 ha. La production y est plutôt faible (moins de 500 hl). Le nombre d'appellations ne dépasse pas 5, contrairement aux Pouilles dont le nombre d'appellations varie significativement de 5 à 9, voire plus.

L'agritourisme est moins présente en Languedoc-Roussillon que dans les Pouilles.

Variables	Modalités	Total général		Languedoc-Roussillon	Pouilles	Proba.
		Effectif	%	%	%	
Employés	Non-réponse	7	24,1	6,7	42,9	3,1%
	1. moins de 5 employés	15	51,7	73,3	28,6	2,0%
	2. 5 à 9 employés	4	13,8	20,0	7,1	32,6%
	3. 10 à 14 employés	1	3,4	0,0	7,1	48,3%
	4. 15 employés et plus	2	6,9	0,0	14,3	22,4%
Superficie plantée de vignes (ha)	Non-réponse	6	20,7	6,7	35,7	7,0%
	1. moins de 20 ha	11	37,9	46,7	28,6	26,8%
	2. entre 20 et 50 ha	9	31,0	33,3	28,6	45,0%
	3. entre 50 et 100 h	2	6,9	13,3	0,0	25,9%
	4. 100 ha et plus	1	3,4	0,0	7,1	48,3%
Production (hl)	Non-réponse	11	37,9	13,3	64,3	0,7%
	1. moins de 500 hl	6	20,7	33,3	7,1	9,9%
	2. 500 à 1000 hl	3	10,3	20,0	0,0	12,5%
	3. 1000 à 2000 hl	4	13,8	20,0	7,1	32,6%
	4. 2000 hl et plus	5	17,2	13,3	21,4	46,5%
Appellations	Non-réponse	6	20,7	6,7	35,7	7,0%
	1. moins de 5 appellations	15	51,7	93,3	7,1	0,0%
	2. 5 à 9 appellations	5	17,2	0,0	35,7	1,7%
	3. 10 appellations et plus	3	10,3	0,0	21,4	10,0%
Présence d'agritourisme dans l'entreprise	Non-réponse	7	24,1	13,3	35,7	16,6%
	Non	15	51,7	66,7	35,7	9,7%
	Oui	7	24,1	20,0	28,6	45,8%

PRODUCTION

Q2. Comment définiriez-vous le Vin biologique ?

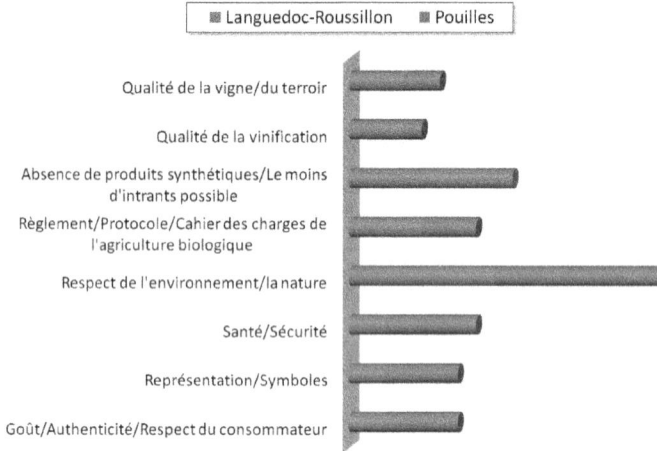

Légende : ■ Languedoc-Roussillon ■ Pouilles

- Qualité de la vigne/du terroir
- Qualité de la vinification
- Absence de produits synthétiques/Le moins d'intrants possible
- Règlement/Protocole/Cahier des charges de l'agriculture biologique
- Respect de l'environnement/la nature
- Santé/Sécurité
- Représentation/Symboles
- Goût/Authenticité/Respect du consommateur

Les critères évoqués pour définir le vin biologique ne diffèrent pas significativement entre le Languedoc-Roussillon et les Pouilles. Seul le critère « Absence de produits synthétiques/Le moins d'intrants possible » est souligné par les exploitants français et n'a pas du tout évoqué par les italiens. Le critère le plus communément évoqué est « Respect de l'environnement/la nature ».

Variables	Modalités	Total général		Languedoc-Roussillon	Pouilles	Proba.
		Effectif	%	%	%	
Qualité de la vigne / du terroir	Non	24	82,8	80,0	85,7	46,5%
	Oui	5	17,2	20,0	14,3	46,5%
Qualité de la vinification	Non	25	86,2	80,0	92,9	32,6%
	Oui	4	13,8	20,0	7,1	32,6%
Absence de produits synthétiques / Le moins d'intrants possible	Non	20	69,0	40,0	100,0	0,0%
	Oui	9	31,0	60,0	0,0	0,0%
Règlement / Protocole / Cahier des charges de l'agriculture biologique	Non	22	75,9	73,3	78,6	45,8%
	Oui	7	24,1	26,7	21,4	45,8%
Respect de l'environnement / la nature	Non	12	41,4	46,7	35,7	41,3%
	Oui	17	58,6	53,3	64,3	41,3%
Santé / Sécurité	Non	22	75,9	86,7	64,3	16,6%
	Oui	7	24,1	13,3	35,7	16,6%
Représentation / Symboles	Non	23	79,3	86,7	71,4	29,1%
	Oui	6	20,7	13,3	28,6	29,1%
Goût / Authenticité / Respect du consommateur	Non	23	79,3	86,7	71,4	29,1%
	Oui	6	20,7	13,3	28,6	29,1%

Q3. Quelles règles, d'après vous, devraient être adoptées dans la production du vin Bio ?

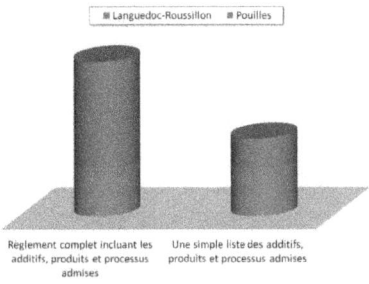

■ Languedoc-Roussillon ■ Pouilles

Règlement complet incluant les additifs, produits et processus admises

Une simple liste des additifs, produits et processus admises

Q4. Pensez-vous que les règles susdites devraient être adoptées au niveau communautaire ?

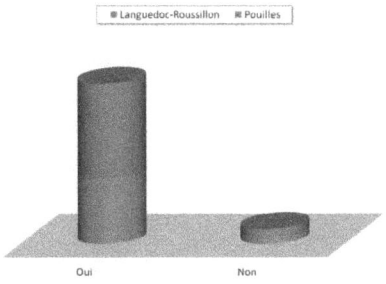

■ Languedoc-Roussillon ■ Pouilles

Oui

Non

Q5. Quelle autonomie, selon vous, devraient avoir à ce sujet les Pays membres de l'UE ?

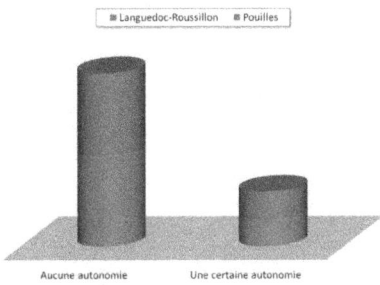

■ Languedoc-Roussillon ■ Pouilles

Aucune autonomie

Une certaine autonomie

Un tiers des exploitants français n'ont répondu ni à la question Q3 « Quelles règles, d'après vous, devraient être adoptées dans la production du vin Bio ? », ni à la question Q4 « Pensez-vous que les règles susdites devraient être adoptées au niveau communautaire ? ». Les exploitants italiens privilégient un « règlement complet incluant les additifs, produits et processus admises » et pensent que cette règle devrait être adoptée au niveau communautaire. Concernant la question « Quelle autonomie, selon vous, devraient avoir à ce sujet les Pays membres de l'UE ? », il n'y a pas de distinction entre Languedoc-Roussillon et Pouilles, les deux-tiers des exploitants pensent qu'il ne devrait y avoir aucune autonomie.

Variables	Modalités	Total général		Languedoc-Roussillon	Pouilles	Proba.
		Effectif	%	%	%	
Q3 Quelles règles, d'après vous, devraient être adoptées dans la production du vin Bio ?	Non-réponse	5	17,2	33,3	0,00	2,5%
	Règlement complet incluant les additifs, produits et processus admises	16	55,2	33,3	78,57	1,8%
	Une simple liste des additifs, produits et processus admises	8	27,6	33,3	21,43	38,3%
Q4 Pensez-vous que les règles susdites devraient être adoptées au niveau communautaire ?	Non-réponse	5	17,2	33,3	0,00	2,5%
	Non	2	6,9	6,7	7,14	25,9%
	Oui	22	75,9	60,0	92,86	4,9%
Q5 Quelle autonomie, selon vous, devraient avoir à ce sujet les Pays membres de l'UE ?	Non-réponse	4	13,8	13,3	14,29	32,6%
	Aucune autonomie	19	65,5	66,7	64,29	40,0%
	Une certaine autonomie	6	20,7	20,0	21,43	36,1%

Q6. Quelles informations, selon vous, devraient être indiquées sur l'étiquette ?

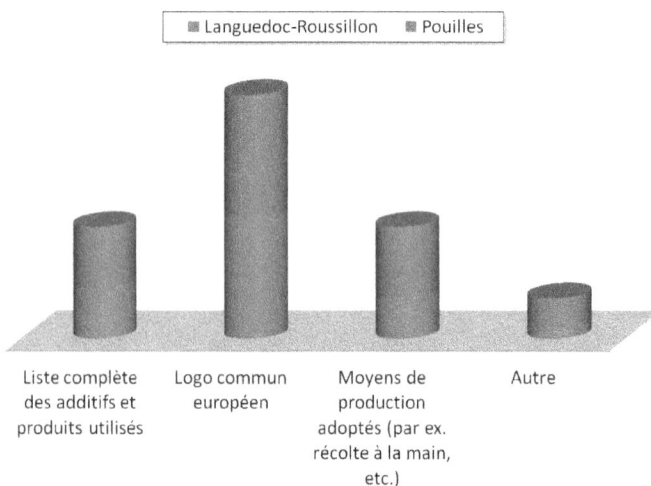

Concernant les informations qui devraient être indiquées sur l'étiquette, il n'y a pas de différence notable entre le Languedoc-Roussillon et les Pouilles. Les deux-tiers des exploitants ne souhaitent pas faire figurer la liste complète des additifs et produits utilisés. Une grande majorité autour de 80% s'accorde sur un logo commun européen. La moitié (et même les deux-tiers pour le Languedoc-Roussillon) ne souhaitent pas indiquer les moyens de production adoptés (par ex. récolte à la main, etc.).

Variables	Modalités	Total général		Languedoc-Roussillon	Pouilles	Proba.
		Effectif	%	%	%	
Liste complète des additifs et produits utilisés	Non-réponse	1	3,4	6,7	0,0	48,3%
	Non	17	58,6	60,0	57,1	41,3%
	Oui	11	37,9	33,3	42,9	44,2%
Logo commun européen	Non-réponse	1	3,4	6,7	0,0	48,3%
	Non	4	13,8	13,3	14,3	32,6%
	Oui	24	82,8	80,0	85,7	46,5%
Moyens de production adoptés (par ex. récolte à la main, etc.)	Non-réponse	1	3,4	6,7	0,0	48,3%
	Non	17	58,6	66,7	50,0	29,7%
	Oui	11	37,9	26,7	50,0	18,1%
Autre	Non-réponse	1	3,4	6,7	0,0	48,3%
	Non	24	82,8	86,7	78,6	46,5%
	Oui	4	13,8	6,7	21,4	27,2%

MARCHÉ

Q7. Structure des canaux de vente pour le Vin biologique. Lesquels préférez-vous ? Indiquez leur importance (en %)

Variables	Total général		Languedoc-Roussillon		Pouilles		Proba.
	Moyenne	Ecart-type	Moyenne	Ecart-type	Moyenne	Ecart-type	
Hyper et Supermarchés	18,0	5,1	16,7	4,7	20,0	5,0	26,1%
Magasins spécialisés / Boutiques Bio	32,9	13,2	40,0	15,3	27,5	7,9	4,5%
Canal HORECA	60,0	25,1	45,0	15,0	63,3	25,7	18,7%
Vente directe	35,0	28,1	32,5	22,7	37,1	31,9	38,8%
Autre	33,8	17,8	41,7	13,1			9,1%

Les magasins spécialisés / boutiques Bio sont plutôt privilégiés en Languedoc-Roussillon par rapport aux Pouilles. On y adopte aussi plus volontiers des canaux de vente autres que les quatre circuits classiques.

Q8. Quels sont pour vous les obstacles les plus évidents au développement du marché des Vins biologiques ?

Languedoc-Roussillon

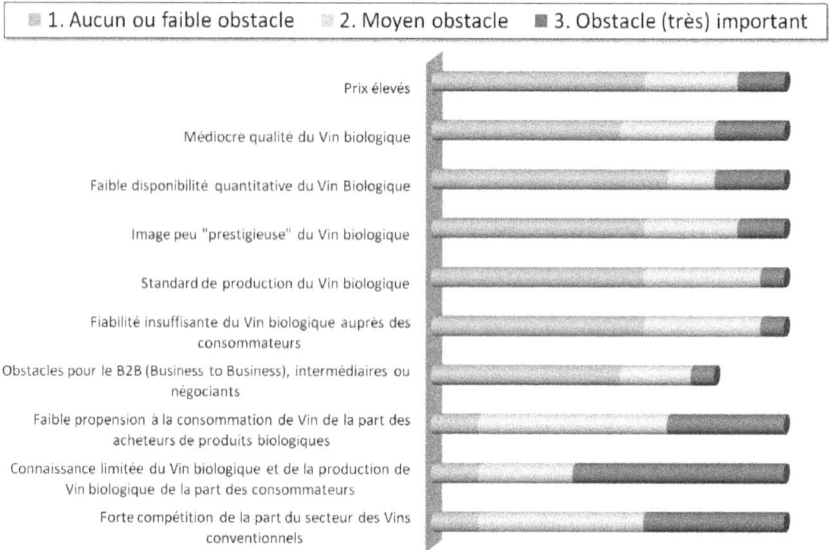

1. Aucun ou faible obstacle   2. Moyen obstacle   3. Obstacle (très) important

- Prix élevés
- Médiocre qualité du Vin biologique
- Faible disponibilité quantitative du Vin Biologique
- Image peu "prestigieuse" du Vin biologique
- Standard de production du Vin biologique
- Fiabilité insuffisante du Vin biologique auprès des consommateurs
- Obstacles pour le B2B (Business to Business), intermédiaires ou négociants
- Faible propension à la consommation de Vin de la part des acheteurs de produits biologiques
- Connaissance limitée du Vin biologique et de la production de Vin biologique de la part des consommateurs
- Forte compétition de la part du secteur des Vins conventionnels

Pouilles

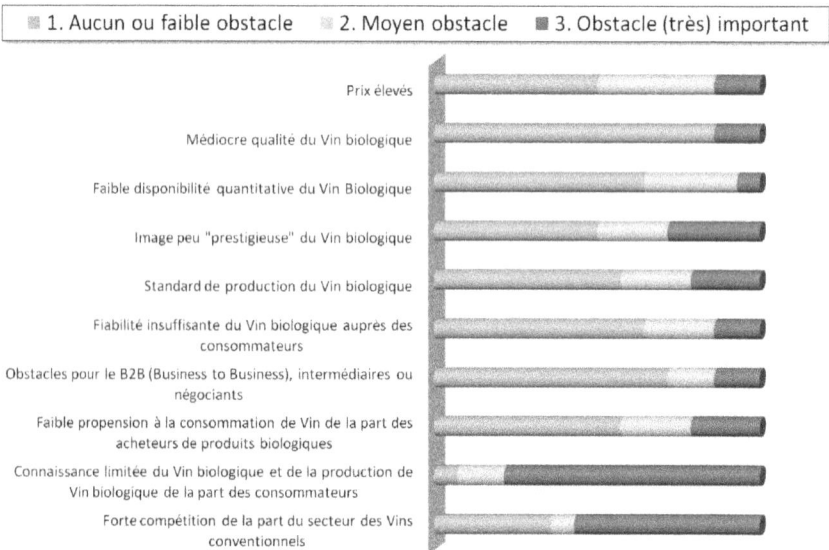

1. Aucun ou faible obstacle   2. Moyen obstacle   3. Obstacle (très) important

- Prix élevés
- Médiocre qualité du Vin biologique
- Faible disponibilité quantitative du Vin Biologique
- Image peu "prestigieuse" du Vin biologique
- Standard de production du Vin biologique
- Fiabilité insuffisante du Vin biologique auprès des consommateurs
- Obstacles pour le B2B (Business to Business), intermédiaires ou négociants
- Faible propension à la consommation de Vin de la part des acheteurs de produits biologiques
- Connaissance limitée du Vin biologique et de la production de Vin biologique de la part des consommateurs
- Forte compétition de la part du secteur des Vins conventionnels

Entre les deux régions, les opinions sur les obstacles les plus évidents au développement du marché des Vins biologiques diffèrent significativement sur trois points :

- La médiocre qualité du Vin biologique ne constitue aucun ou qu'un faible obstacle pour une grande majorité des exploitants dans les Pouilles. Il en est de même pour la moitié des exploitants en Languedoc-Roussillon où l'on notera tout de même aussi une proportion relativement élevée qui considère que ce critère constitue un moyen obstacle.
- La faible propension à la consommation de Vin de la part des acheteurs de produits biologiques est un critère qui partage fortement les exploitants : en Languedoc-Roussillon, il s'agit d'un moyen obstacle pour plus de la moitié des enquêtés, alors qu'elle ne constitue tout au plus qu'un faible obstacle dans les Pouilles également pour plus de la moitié des exploitants.
- La forte compétition de la part du secteur des Vins conventionnels est considérée dans les deux régions comme un obstacle important voire très important. Toutefois, le propos est plus nuancé en Languedoc-Roussillon où ce critère est également cité comme un moyen obstacle, contrairement aux Pouilles où les avis sont donc plus tranchés. Toutefois, plus d'un quart des exploitants dans les Pouilles considèrent également qu'il ne s'agit que d'un faible obstacle.

Sur les autres points, les opinions ne divergent pas significativement. Globalement, seule la connaissance limitée du Vin biologique et de la production de Vin biologique de la part des consommateurs est un obstacle (très) important pour 60 à 79% des exploitants. Les points restants ne constituent tout au plus qu'un faible obstacle, pour au-moins la moitié des exploitants.

Variables	Modalités	Total général		Languedoc-Roussillon	Pouilles	Proba.
		Effectif	%	%	%	
Prix élevés	1. Aucun ou faible obstacle	16	55,2	60,0	50,0	43,4%
	2. Moyen obstacle	9	31,0	26,7	35,7	45,0%
	3. Obstacle (très) important	4	13,8	13,3	14,3	32,6%
Médiocre qualité du Vin biologique	1. Aucun ou faible obstacle	20	69,0	53,3	85,7	6,8%
	2. Moyen obstacle	4	13,8	26,7	0,0	5,7%
	3. Obstacle (très) important	5	17,2	20,0	14,3	46,5%
Faible disponibilité quantitative du Vin Biologique	1. Aucun ou faible obstacle	19	65,5	66,7	64,3	40,0%
	2. Moyen obstacle	6	20,7	13,3	28,6	29,1%
	3. Obstacle (très) important	4	13,8	20,0	7,1	32,6%
Image peu ''prestigieuse'' du Vin biologique'	1. Aucun ou faible obstacle	16	55,2	60,0	50,0	43,4%
	2. Moyen obstacle	7	24,1	26,7	21,4	45,8%
	3. Obstacle (très) important	6	20,7	13,3	28,6	29,1%
Standard de production du Vin biologique	1. Aucun ou faible obstacle	17	58,6	60,0	57,1	41,3%
	2. Moyen obstacle	8	27,6	33,3	21,4	38,3%
	3. Obstacle (très) important	4	13,8	6,7	21,4	27,2%
Fiabilité insuffisante du Vin biologique auprès des consommateurs	1. Aucun ou faible obstacle	18	62,1	60,0	64,3	44,2%
	2. Moyen obstacle	8	27,6	33,3	21,4	38,3%
	3. Obstacle (très) important	3	10,3	6,7	14,3	47,3%
Obstacles pour le B2B (Business to Business), intermédiaires ou négociants	Non-réponse	3	10,3	20,0	0,0	12,5%
	1. Aucun ou faible obstacle	18	62,1	53,3	71,4	26,8%
	2. Moyen obstacle	5	17,2	20,0	14,3	46,5%
	3. Obstacle (très) important	3	10,3	6,7	14,3	47,3%
Faible propension à la consommation de Vin de la part des acheteurs de produits biologiques	1. Aucun ou faible obstacle	10	34,5	13,3	57,1	1,7%
	2. Moyen obstacle	11	37,9	53,3	21,4	8,2%
	3. Obstacle (très) important	8	27,6	33,3	21,4	38,3%
Connaissance limitée du Vin biologique et de la production de Vin biologique de la part des consommateurs	1. Aucun ou faible obstacle	3	10,3	13,3	7,1	47,3%
	2. Moyen obstacle	6	20,7	26,7	14,3	36,1%
	3. Obstacle (très) important	20	69,0	60,0	78,6	25,0%
Forte compétition de la part du secteur des Vins conventionnels	1. Aucun ou faible obstacle	7	24,1	13,3	35,7	16,6%
	2. Moyen obstacle	8	27,6	46,7	7,1	2,2%
	3. Obstacle (très) important	14	48,3	40,0	57,1	29,1%

Q9. Pourriez-vous quantifier le taux de croissance annuelle des revenus dérivant de la vente de Vin biologique dans les 5 dernières années (en %) ?

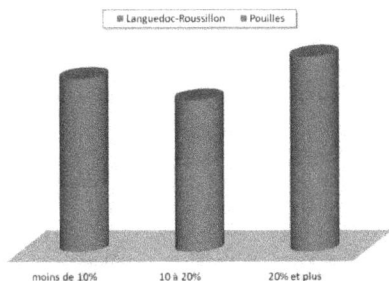

Q10. Quel taux de croissance annuel envisagez-vous dans les 5 prochaines années (en %) ?

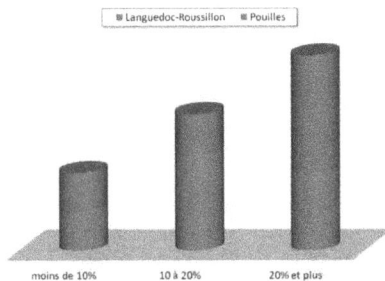

Le taux de croissance annuelle des revenus dérivant de la vente de Vin biologique dans les 5 dernières années ne diffère pas significativement entre le Languedoc-Roussillon et les Pouilles. Il en est de même pour le taux de croissance annuel envisagé dans les 5 prochaines années.

Variables	Modalités	Total général		Languedoc-Roussillon	Pouilles	Proba.
		Effectif	%	%	%	
Pourriez-vous quantifier le taux de croissance annuelle dérivant de la vente de Vin biologique dans les 5 dernières années ?	Non-réponse	5	17,2	26,7	7,1	18,6%
	1. moins de 10%	8	27,6	20,0	35,7	29,8%
	2. 10 à 20%	7	24,1	26,7	21,4	45,8%
	3. 20% et plus	9	31,0	26,7	35,7	45,0%
Quel taux de croissance annuel envisagez-vous dans les 5 prochaines années ?	Non-réponse	8	27,6	26,7	28,6	38,3%
	1. moins de 10%	4	13,8	13,3	14,3	32,6%
	2. 10 à 20%	7	24,1	33,3	14,3	22,4%
	3. 20% et plus	10	34,5	26,7	42,9	30,0%

Croisement entre taux de croissance annuelle dans les cinq dernières années et taux de croissance annuel envisagé dans les cinq prochaines années

Effectif	Taux de croissance annuel envisagé dans les cinq prochaines années				
Taux de croissance annuelle dans les cinq dernières années	moins de 10%	10 à 20%	20% et plus	Non-réponse	Total général
moins de 10%	4		1	3	8
10 à 20%		4	2	1	7
20% et plus		1	6	2	9
Non-réponse		2	1	2	5
Total général	4	7	10	8	29

Majoritairement, les exploitations ayant connu un taux de croissance annuelle faible (moins de 10%) dans les cinq dernières années n'envisagent pas une croissance supérieure à l'avenir. A l'opposé, ce sont significativement celles qui ont déjà connu une croissance forte (20% et plus) qui envisagent la poursuite voire l'augmentation de leur taux de croissance. Les exploitations ayant connu une croissance moyenne (10 à 20%) envisagent également de rester sur le même rythme à l'avenir.

Q11. Pourriez-vous nous indiquer dans quelle mesure vous partagez les affirmations suivantes ?

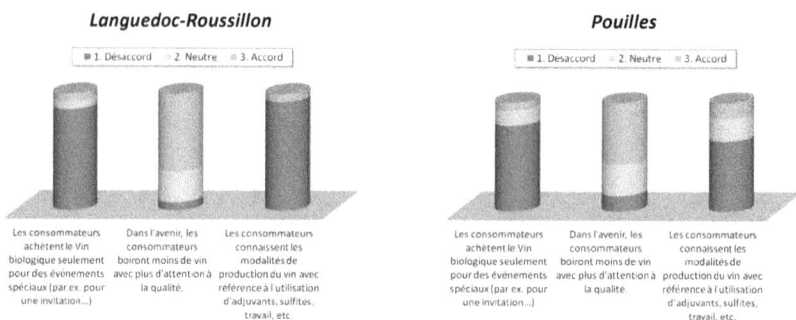

Languedoc-Roussillon

Pouilles

Sur la première affirmation « Les consommateurs achètent le Vin biologique seulement pour des événements spéciaux (par ex. pour une invitation…) », les opinions des exploitants des deux régions ne diffèrent pas : ils sont majoritairement en désaccord (près de 4 enquêtés sur 5).

Variables	Modalités	Total général		Languedoc-Roussillon	Pouilles	Proba.
		Effectif	%	%	%	
Les consommateurs achètent le Vin biologique seulement pour des événements spéciaux (par ex. pour une invitation…)	1. Désaccord	24	82,8	86,7	78,6	46,5%
	2. Neutre	3	10,3	6,7	14,3	47,3%
	3. Accord	2	6,9	6,7	7,1	25,9%
Dans l'avenir, les consommateurs boiront moins de vin avec plus d'attention à la qualité.	1. Désaccord	3	10,3	6,7	14,3	47,3%
	2. Neutre	8	27,6	26,7	28,6	38,3%
	3. Accord	18	62,1	66,7	57,1	44,2%
Les consommateurs connaissent les modalités de production du vin avec référence à l'utilisation d'adjuvants, sulfites, travail, etc.	1. Désaccord	23	79,3	93,3	64,3	7,0%
	2. Neutre	3	10,3	0,0	21,4	10,0%
	3. Accord	3	10,3	6,7	14,3	47,3%

Sur la seconde affirmation « Dans l'avenir, les consommateurs boiront moins de vin avec plus d'attention à la qualité », les avis sont également convergents sur les deux régions : autour de 60% sont d'accord et un peu plus de 25% sont neutres.

Les avis sur la troisième affirmation « Les consommateurs connaissent les modalités de production du vin avec référence à l'utilisation d'adjuvants, sulfites, travail, etc. » sont légèrement plus nuancés. Le Languedoc-Roussillon affirme plus fortement son désaccord (93% d'exploitants) que les Pouilles où, si l'avis le plus fréquent est aussi le désaccord (64%), près d'une personne sur cinq déclare également être neutre.

Q12. Pourriez-vous nous dire quelle importance ont les facteurs suivants dans le choix du Vin biologique (consommateurs) ?

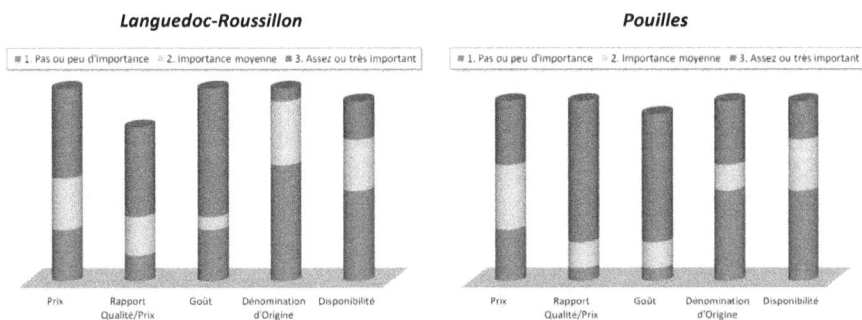

Languedoc-Roussillon

Pouilles

Sur le facteur « Prix », il n'y a pas de différence majeure entre les deux régions, les exploitants le considèrent un peu plus fréquemment comme assez ou très important, mais les trois modalités sont distribuées à peu près de manière uniforme.

Les deux régions considèrent le rapport Qualité/Prix comme un facteur assez ou très important avec une affirmation plus marquée dans les Pouilles (79% des exploitants contre 47% pour le Languedoc-Roussillon).

Le goût n'est pas un facteur discriminant entre les régions qui les considèrent toutes deux comme assez ou très important pour près des deux-tiers des exploitants.

Sur le facteur « Dénomination d'Origine », les deux régions ont des opinions plus nuancées : si elles s'accordent pour dire majoritairement (au-moins 50% des exploitants) que ce facteur est pas ou peu important, plus d'un tiers des exploitants dans les Pouilles le considère toutefois comme assez ou très important.

Enfin, il n'y a pas de divergence de point de vue entre les deux régions concernant la disponibilité : elle est considérée en premier lieu comme un facteur pas ou peu important, pour près de la moitié des exploitants.

Variables	Modalités	Total général		Languedoc-Roussillon	Pouilles	Proba.
		Effectif	%	%	%	
Prix	1. Pas ou peu important	8	27,6	26,7	28,6	38,3%
	2. Importance moyenne	9	31,0	26,7	35,7	45,0%
	3. Assez ou très important	12	41,4	46,7	35,7	41,3%
Rapport Qualité/Prix	Non-réponse	3	10,3	20,0	0,0	12,5%
	1. Pas ou peu important	3	10,3	13,3	7,1	47,3%
	2. Importance moyenne	5	17,2	20,0	14,3	46,5%
	3. Assez ou très important	18	62,1	46,7	78,6	8,2%
Goût	Non-réponse	1	3,4	0,0	7,1	48,3%
	1. Pas ou peu important	5	17,2	26,7	7,1	18,6%
	2. Importance moyenne	3	10,3	6,7	14,3	47,3%
	3. Assez ou très important	20	69,0	66,7	71,4	45,0%
Dénomination d'Origine	1. Pas ou peu important	16	55,2	60,0	50,0	43,4%
	2. Importance moyenne	7	24,1	33,3	14,3	22,4%
	3. Assez ou très important	6	20,7	6,7	35,7	7,0%
Disponibilité	Non-réponse	1	3,4	6,7	0,0	48,3%
	1. Pas ou peu important	14	48,3	46,7	50,0	42,4%
	2. Importance moyenne	8	27,6	26,7	28,6	38,3%
	3. Assez ou très important	6	20,7	20,0	21,4	36,1%

Q13. Quelles stratégies estimez-vous utiles afin d'augmenter la connaissance des consommateurs et des intermédiaires ou négociants pour ce qui concerne le Vin biologique ?

Languedoc-Roussillon   *Pouilles*

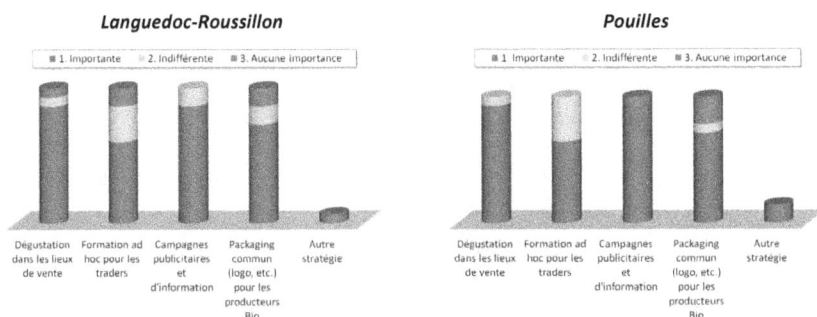

L'opinion des exploitants des deux régions ne divergent pas en ce qui concerne les différentes stratégies, aucune de ces dernières n'est plus particulièrement privilégiée par une région ou l'autre. De manière générale, les exploitants accordent une importance à toutes les stratégies : en premier lieu arrivent à égalité la dégustation dans les lieux de vente et les campagnes publicitaires et d'information ; en second, le packaging commun (logo, etc.) pour les producteurs Bio ; la formation ad hoc pour les traders est placée en dernier.

Variables	Modalités	Total général		Languedoc-Roussillon	Pouilles	Proba.
		Effectif	%	%	%	
Dégustation dans les lieux de vente	1. Importante	26	89,7	86,7	92,9	47,3%
	2. Indifférente	2	6,9	6,7	7,1	25,9%
	3. Aucune importance	1	3,4	6,7	0,0	48,3%
Formation ad hoc pour les traders	1. Importante	18	62,1	60,0	64,3	44,2%
	2. Indifférente	9	31,0	26,7	35,7	45,0%
	3. Aucune importance	2	6,9	13,3	0,0	25,9%
Campagnes publicitaires et d'information	1. Importante	26	89,7	86,7	92,9	47,3%
	2. Indifférente	2	6,9	13,3	0,0	25,9%
	3. Aucune importance	1	3,4	0,0	7,1	48,3%
Packaging commun (logo, etc.) pour les producteurs Bio	1. Importante	21	72,4	73,3	71,4	38,3%
	2. Indifférente	3	10,3	13,3	7,1	47,3%
	3. Aucune importance	5	17,2	13,3	21,4	46,5%

Q14. Quels pays/marchés (autres que la France/l'Italie) avec débouchés voudriez-vous privilégier ?

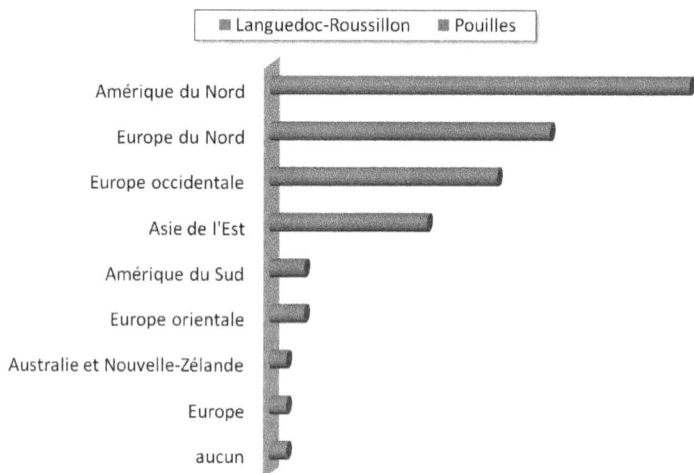

Dans l'ensemble, les deux premiers débouchés privilégiés sont les pays d'Amérique du Nord (Etats-Unis, Canada) et d'Europe du Nord (Royaume-Uni, pays scandinaves, pays baltes, Danemark, etc.). Le Languedoc-Roussillon privilégie significativement l'Amérique du Nord, tandis que les Pouilles favorisent l'Europe du Nord. Les deux autres débouchés importants sont dans l'ordre l'Europe occidentale (Allemagne, Suisse, BENELUX, Belgique) et l'Asie de l'Est (Japon, Chine).

Effectifs	Languedoc-Roussillon	Pouilles	Total général
Amérique du Nord (Etats-Unis, Canada)	16	8	24
Europe du Nord (Royaume-Uni, pays scandinaves, pays baltes, Danemark, etc.)	6	10	16
Europe occidentale (Allemagne, Suisse, BENELUX, Belgique)	8	5	13
Asie de l'Est (Japon, Chine)	4	5	9
Amérique du Sud (Brésil, etc.)	0	2	2
Europe orientale	1	1	2
Australie et Nouvelle-Zélande	0	1	1
Europe	1	0	1
aucun	1	0	1

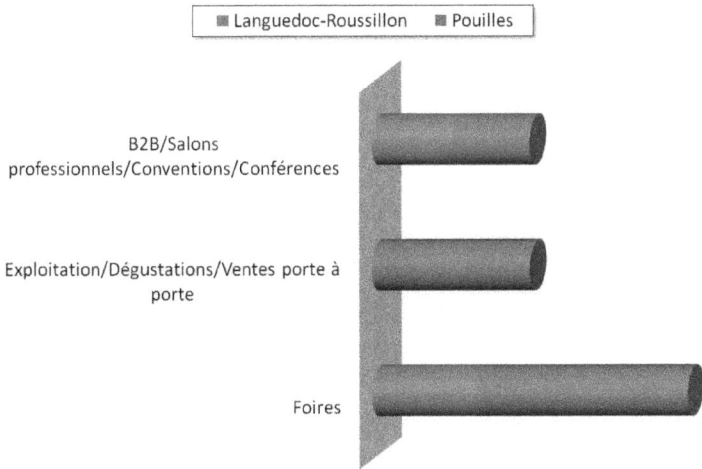

Les locations/emplacements préférés pour la promotion de la production diffèrent selon les régions. Si la préférence générale va aux foires, elle est plus prononcée dans les Pouilles en concernant plus de la moitié des exploitants, alors que le Languedoc-Roussillon n'est concernée que pour environ le quart des exploitants. La modalité « Exploitation/Dégustations/Ventes porte à porte » est également fortement discriminante car elle est citée uniquement dans les Pouilles.

Seule la modalité « B2B/Salons professionnels/Conventions/Conférences » est distribuée de la même manière au sein des deux régions, avec un exploitant sur cinq qui la préfère.

Variables	Modalités	Total général		Languedoc-Roussillon	Pouilles	Proba.
		Effectif	%	%	%	
B2B / Salons professionnels / Conventions / Conférences	Non	23	79,3	80,0	78,6	36,1%
	Oui	6	20,7	20,0	21,4	36,1%
Exploitation / Dégustations / Ventes porte à porte	Non	23	79,3	100,0	57,1	0,6%
	Oui	6	20,7	0,0	42,9	0,6%
Foires	Non	17	58,6	73,3	42,9	9,9%
	Oui	12	41,4	26,7	57,1	9,9%

Q16. Pour quelles raisons votre entreprise a-t-elle choisi de participer à des Foires et des Expositions du secteur ?

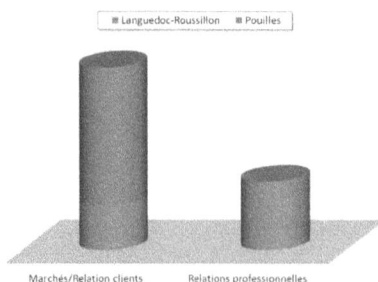

Q17. Depuis combien d'années votre entreprise est-elle présente pendant ces événements ?

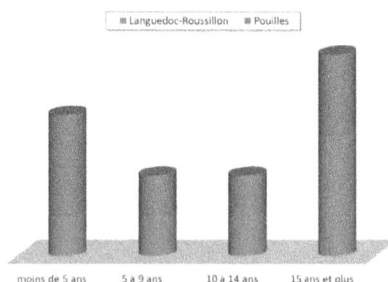

Q18. Quel est le volume de dépense annuelle que votre entreprise doit soutenir pour les différentes actions de promotion ?

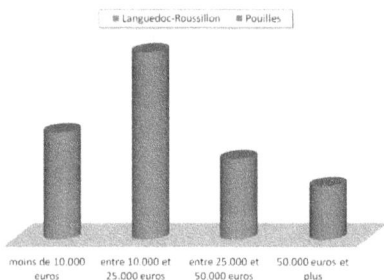

Q19. Quel est, à peu près, le pourcentage des contacts établis pendant les événements promotionnels, qui, à partir de ce moment-là, sont devenu vos clients ?

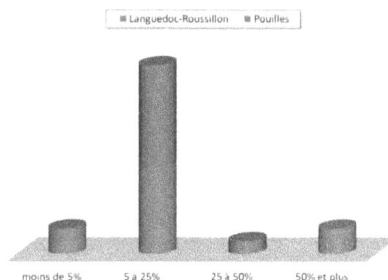

Les raisons pour lesquelles l'entreprise a choisi de participer à des Foires et des Expositions du secteur diffèrent largement entre les deux régions. Les Pouilles ne citent que les marchés/Relation clients, alors que Languedoc-Roussillon les cite beaucoup moins fréquemment et, de plus, elle est la seule région à invoquer les relations professionnelles.

La distribution du nombre d'années de présence de l'entreprise à ces événements diffère peu entre les deux régions, même si la présence du Languedoc-Roussillon est globalement plus ancienne que celle des Pouilles.

Près de la moitié des exploitants n'ont pas répondu à la question sur le volume de dépense annuelle que l'entreprise doit soutenir pour les différentes actions de promotion. Si la distribution des dépenses n'est pas significativement différente entre les deux régions, les exploitants du Languedoc-Roussillon y consacrent des montants un peu plus faibles, entre 10.000 et 25.000 € pour un tiers des exploitants, alors que les montants supérieurs à 25.000 € concernent plus les exploitations dans les Pouilles.

La distribution du pourcentage des contacts établis pendant les événements promotionnels, qui, à partir de ce moment-là, sont devenu des clients est globalement similaire entre les deux régions. Le pourcentage des contacts établis varie entre 5 et 25% pour près de la moitié des exploitants.

Variables	Modalités	Total général		Languedoc-Roussillon	Pouilles	Proba.
		Effectif	%	%	%	
Pour quelles raisons votre entreprise a-t-elle choisi de participer à des Foires et des Expositions du secteur ?	Non-réponse	18	62,1	66,7	57,1	44,2%
	Marchés/Relation clients	8	27,6	13,3	42,9	8,6%
	Relations professionnelles	3	10,3	20,0	0,0	12,5%
Depuis combien d'années votre entreprise est-elle présente pendant ces événements ?	Non-réponse	4	13,8	20,0	7,1	32,6%
	1. moins de 5 ans	7	24,1	13,3	35,7	16,6%
	2. 5 à 9 ans	4	13,8	13,3	14,3	32,6%
	3. 10 à 14 ans	4	13,8	13,3	14,3	32,6%
	4. 15 ans et plus	10	34,5	40,0	28,6	40,0%
Quel est le volume de dépense annuelle que votre entreprise doit soutenir pour les différentes actions de promotion ?	Non-réponse	13	44,8	46,7	42,9	43,4%
	1. moins de 10.000 €	4	13,8	13,3	14,3	32,6%
	2. entre 10.000 et 25.000 €	7	24,1	33,3	14,3	22,4%
	3. entre 25.000 et 50.000 €	3	10,3	6,7	14,3	47,3%
	4. 50.000 € et plus	2	6,9	0,0	14,3	22,4%
Quel est, à peu près, le pourcentage des contacts établis pendant les événements promotionnels, qui, à partir de ce moment-là, sont devenu vos clients ?	Non-réponse	9	31,0	33,3	28,6	45,0%
	1. moins de 5%	2	6,9	6,7	7,1	25,9%
	2. 5 à 25%	15	51,7	46,7	57,1	42,4%
	3. 25 à 50%	1	3,4	0,0	7,1	48,3%
	4. 50% et plus	2	6,9	13,3	0,0	25,9%

Q20. Quels moyens publicitaires utilisez-vous pour faire de la publicité à votre entreprise ?

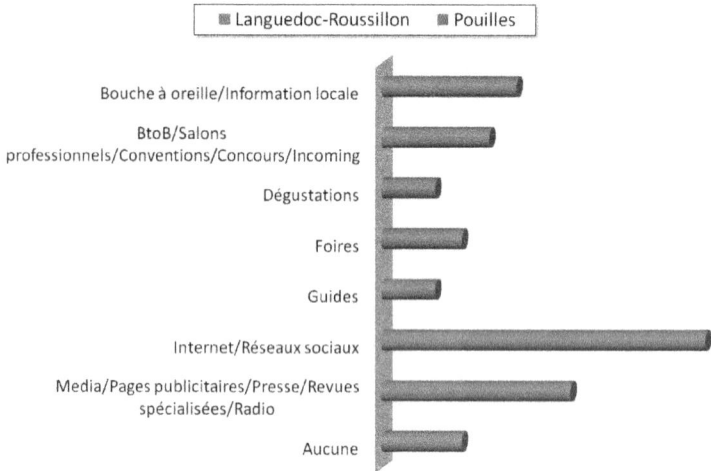

De manière générale, les moyens publicitaires utilisés pour faire de la publicité à l'entreprise sont mobilisés beaucoup plus fréquemment dans les Pouilles qu'en Languedoc-Roussillon. Parmi eux, deux modalités se détachent encore plus nettement en faveur des Pouilles : d'une part, les foires qui ne sont pratiquées que dans cette région et, d'autre part, Internet et les réseaux sociaux qui y sont trois fois plus utilisés qu'en Languedoc-Roussillon.

Variables	Modalités	Total général		Languedoc-Roussillon	Pouilles	Proba.
		Effectif	%	%	%	
Bouche à oreille / Information locale	Non	24	82,8	86,7	78,6	46,5%
	Oui	5	17,2	13,3	21,4	46,5%
BtoB / Salons professionnels / Conventions / Concours / Incoming	Non	25	86,2	93,3	78,6	27,2%
	Oui	4	13,8	6,7	21,4	27,2%
Dégustations	Non	27	93,1	100,0	85,7	22,4%
	Oui	2	6,9	0,0	14,3	22,4%
Foires	Non	26	89,7	100,0	78,6	10,0%
	Oui	3	10,3	0,0	21,4	10,0%
Guides	Non	27	93,1	93,3	92,9	25,9%
	Oui	2	6,9	6,7	7,1	25,9%
Internet / Réseaux sociaux	Non	17	58,6	80,0	35,7	2,0%
	Oui	12	41,4	20,0	64,3	2,0%
Media / Pages publicitaires / Presse / Revues spécialisées / Radio	Non	22	75,9	80,0	71,4	45,8%
	Oui	7	24,1	20,0	28,6	45,8%
Aucune	Non	26	89,7	80,0	100,0	12,5%
	Oui	3	10,3	20,0	0,0	12,5%

Q23. Depuis combien d'années votre entreprise adopte-t-elle la méthode de production biologique ?

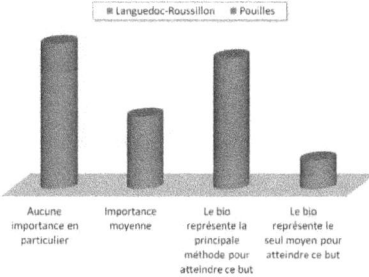

Q24. Lesquelles parmi les raisons suivantes vous ont poussé à adopter la méthode de production biologique ?

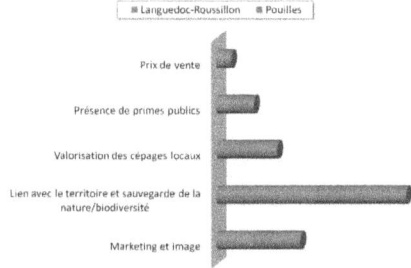

Q25. Quelle importance attribuez-vous à la production biologique dans la redécouverte et la valorisation des cépages locaux ?

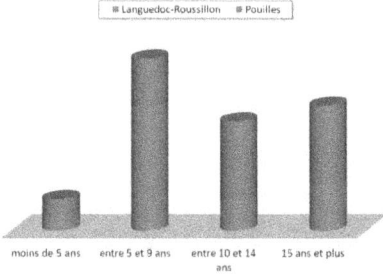

Q26. Quelle importance attribuez-vous à la production biologique dans la sauvegarde de la nature/biodiversité ?

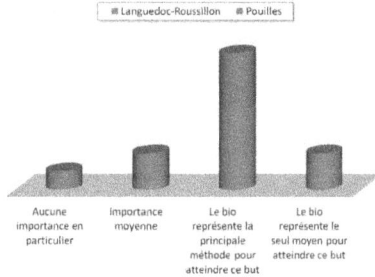

L'adoption de la méthode de production biologique est significativement plus ancienne dans les Pouilles. En effet, en Languedoc-Roussillon, six exploitations sur dix sont en bio depuis moins de 10 ans, majoritairement entre 5 et 9 ans alors que, dans les Pouilles, plus de 70% des exploitations le sont depuis dix ans et plus.

Parmi les raisons qui ont poussé à adopter la méthode de production biologique, aucune n'est plus spécifique à une région ou à une autre. La raison la plus plébiscitée est « le lien avec le territoire et sauvegarde de la nature/biodiversité » qui est citée par 86% des exploitants. Vient ensuite loin derrière le « marketing et image » représentant environ un tiers des réponses. La quasi-totalité des exploitants (93%) s'accordent à dire que le prix de vente n'a pas été une raison pour l'adoption de cette méthode.

L'importance attribuée à la production biologique dans la redécouverte et la valorisation des cépages locaux diffère significativement entre les deux régions. En Languedoc-Roussillon, plus de la moitié des exploitants pensent que le bio ne revêt aucune importance dans le domaine alors que, dans les Pouilles, les exploitants pensent que le bio représente la principale méthode pour atteindre ce but, pour la moitié d'entre eux.

Concernant l'importance attribuée à la production biologique dans la sauvegarde de la nature/biodiversité, la distribution des réponses est assez similaire pour les deux régions. L'avis le plus fréquent est que le bio représente la principale méthode pour atteindre ce but, selon 60% des exploitants en Languedoc-Roussillon et 43% dans les Pouilles. Les avis des exploitants du Languedoc-Roussillon sont un peu plus tranchés car

20% pensent même que le bio représente le seul moyen pour atteindre ce but, contre 7% pour les Pouilles qui compte également 21% d'exploitants y accordant une importance moyenne, et 14% qui n'en accorde aucune.

Variables	Modalités	Total général		Languedoc-Roussillon	Pouilles	Proba.
		Effectif	%	%	%	
Depuis combien d'années votre entreprise adopte-t-elle la méthode de production biologique ?	Non-réponse	1	3,4	6,7	0,0	48,3%
	1. moins de 5 ans	2	6,9	6,7	7,1	25,9%
	2. entre 5 et 9 ans	11	37,9	53,3	21,4	8,2%
	3. entre 10 et 14 ans	7	24,1	13,3	35,7	16,6%
	4. 15 ans et plus	8	27,6	20,0	35,7	29,8%
Prix de vente	Non	27	93,1	93,3	92,9	25,9%
	Oui	2	6,9	6,7	7,1	25,9%
Présence de primes publics	Non	24	82,8	86,7	78,6	46,5%
	Oui	5	17,2	13,3	21,4	46,5%
Valorisation des cépages locaux	Non	21	72,4	80,0	64,3	29,8%
	Oui	8	27,6	20,0	35,7	29,8%
Lien avec le territoire et sauvegarde de la nature/biodiversité	Non	4	13,8	13,3	14,3	32,6%
	Oui	25	86,2	86,7	85,7	32,6%
Marketing et image	Non	18	62,1	66,7	57,1	44,2%
	Oui	11	37,9	33,3	42,9	44,2%
Quelle importance attribuez-vous à la production biologique dans la redécouverte et la valorisation des cépages locaux ?	Non-réponse	3	10,3	13,3	7,1	47,3%
	1. Aucune importance	10	34,5	53,3	14,3	3,3%
	2. Importance moyenne	5	17,2	13,3	21,4	46,5%
	3. Le bio représente la principale méthode pour atteindre ce but	9	31,0	13,3	50,0	4,1%
	4. Le bio représente le seul moyen pour atteindre ce but	2	6,9	6,7	7,1	25,9%
Quelle importance attribuez-vous à la production biologique dans la sauvegarde de la nature/biodiversité ?	Non-réponse	4	13,8	13,3	14,3	32,6%
	1. Aucune importance	2	6,9	0,0	14,3	22,4%
	2. Importance moyenne	4	13,8	6,7	21,4	27,2%
	3. Le bio représente la principale méthode pour atteindre ce but	15	51,7	60,0	42,9	29,1%
	4. Le bio représente le seul moyen pour atteindre ce but	4	13,8	20,0	7,1	32,6%

Q27. Quelles actions avez-vous entrepris pour vous intégrer dans le territoire ?

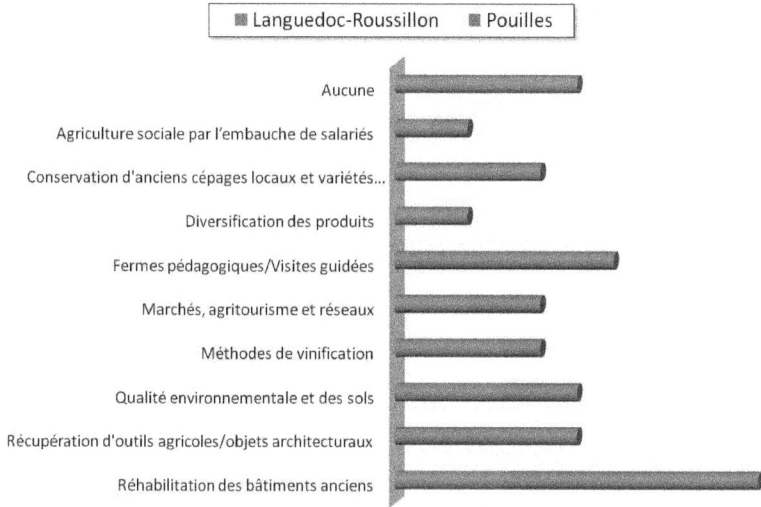

Deux actions sont menées exclusivement de manière significative dans les Pouilles : les « Fermes pédagogiques / Visites guidées » et la « Récupération d'outils agricoles / objets architecturaux ». La « Réhabilitation des bâtiments anciens » y est également relativement plus pratiquée par la moitié des exploitations, alors que cela ne concerne que 20% des exploitations en Languedoc-Roussillon. Les autres actions ne sont pas plus caractéristiques de l'une ou de l'autre des deux régions et sont pratiquées par tout au plus une exploitation sur cinq.

Il est également à noter qu'un tiers des exploitants en Languedoc-Roussillon a déclaré ne mener aucune action, ce qui représente un fait significatif par rapport aux Pouilles où tous les exploitants ont chacun cité au-moins une action.

Variables	Modalités	Total général		Languedoc-Roussillon	Pouilles	Proba.
		Effectif	%	%	%	
Agriculture sociale par l'embauche de salariés	Non	27	93,1	93,3	92,9	25,9%
	Oui	2	6,9	6,7	7,1	25,9%
Conservation d'anciens cépages locaux et variétés anciennes	Non	25	86,2	86,7	85,7	32,6%
	Oui	4	13,8	13,3	14,3	32,6%
Diversification des produits	Non	27	93,1	93,3	92,9	25,9%
	Oui	2	6,9	6,7	7,1	25,9%
Fermes pédagogiques / Visites guidées	Non	23	79,3	100,0	57,1	0,6%
	Oui	6	20,7	0,0	42,9	0,6%
Marchés, agritourisme et réseaux	Non	25	86,2	86,7	85,7	32,6%
	Oui	4	13,8	13,3	14,3	32,6%
Méthodes de vinification	Non	25	86,2	80,0	92,9	32,6%
	Oui	4	13,8	20,0	7,1	32,6%
Qualité environnementale et des sols	Non	24	82,8	80,0	85,7	46,5%
	Oui	5	17,2	20,0	14,3	46,5%
Récupération d'outils agricoles / objets architecturaux	Non	24	82,8	100,0	64,3	1,7%
	Oui	5	17,2	0,0	35,7	1,7%
Réhabilitation des bâtiments anciens	Non	19	65,5	80,0	50,0	9,5%
	Oui	10	34,5	20,0	50,0	9,5%
Aucune	Non	24	82,8	66,7	100,0	2,5%
	Oui	5	17,2	33,3	0,0	2,5%

Q28. Pensez-vous que les cahiers de charge actuels de la production biologique sont suffisants ?

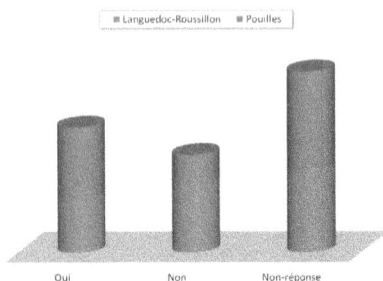

■ Languedoc-Roussillon ■ Pouilles

Oui   Non   Non-réponse

Q29. Pensez-vous que la marque européenne (apposée sur les bouteilles) est suffisante à identifier telle méthode de production sur le marché ?

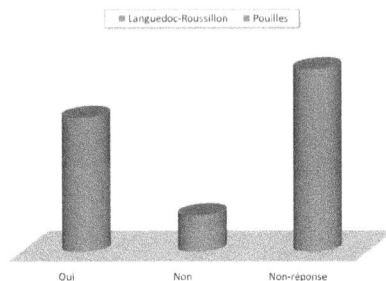

■ Languedoc-Roussillon ■ Pouilles

Oui   Non   Non-réponse

Dans les deux régions, au-moins 40% des exploitants n'ont pas répondu aux questions Q28 et Q29. Il n'y a pas de modalité de réponse spécifique à une région au l'autre.

Toutefois, à la question « Pensez-vous que les cahiers de charge actuels de la production biologique sont suffisants ? » la réponse la plus fréquente est négative en Languedoc-Roussillon pour un tiers des exploitants, alors qu'elle est positive dans les Pouilles également pour un peu plus du tiers des exploitants.

A la question « Pensez-vous que la marque européenne (apposée sur les bouteilles) est suffisante à identifier telle méthode de production sur le marché ? », la réponse la plus fréquente est « Oui » dans les deux cas, pour presque la moitié en Languedoc-Roussillon et plus d'un quart dans les Pouilles.

Variables	Modalités	Total général		Languedoc-Roussillon	Pouilles	Proba.
		Effectif	%	%	%	
Pensez-vous que les cahiers de charge actuels de la production biologique sont suffisants ?	Non-réponse	13	44,8	40,0	50,0	43,4%
	Non	7	24,1	33,3	14,3	22,4%
	Oui	9	31,0	26,7	35,7	45,0%
Pensez-vous que la marque européenne (apposée sur les bouteilles) est suffisante à identifier telle méthode de production sur le marché ?	Non-réponse	15	51,7	40,0	64,3	17,5%
	Non	3	10,3	13,3	7,1	47,3%
	Oui	11	37,9	46,7	28,6	26,8%

Q30. Avez-vous des suggestions pour améliorer la communication du « brand » biologique envers les consommateurs ?

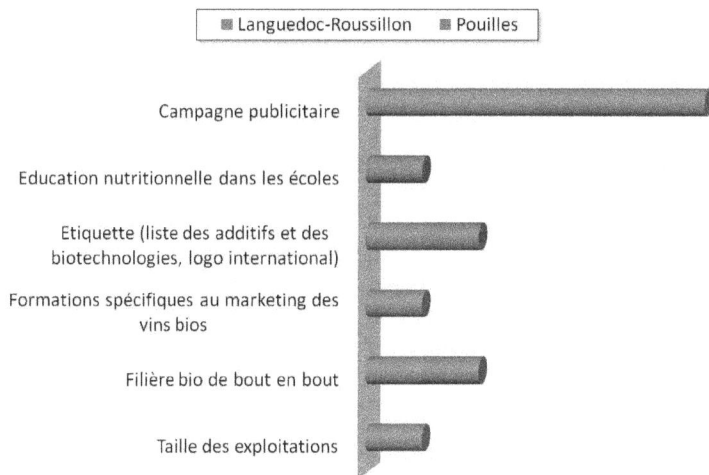

Au-moins 50% des exploitants dans chaque région n'ont fait aucune suggestion pour améliorer la communication du "brand" biologique envers les consommateurs.

Les fréquences des modalités de réponses ne diffèrent pas significativement entre les deux régions. Globalement, une seule suggestion émerge, il s'agit de la campagne publicitaire qui est proposée par un exploitant sur cinq.

Variables	Modalités	Total général		Languedoc-Roussillon	Pouilles	Proba.
		Effectif	%	%	%	
Campagne publicitaire	Non	23	79,3	80,0	78,6	*36,1%*
	Oui	6	20,7	20,0	21,4	*36,1%*
Education nutritionnelle dans les écoles	Non	28	96,6	100,0	92,9	*48,3%*
	Oui	1	3,4	0,0	7,1	*48,3%*
Etiquette (liste des additifs et des biotechnologies, logo international)	Non	27	93,1	93,3	92,9	*25,9%*
	Oui	2	6,9	6,7	7,1	*25,9%*
Formations spécifiques au marketing des vins bios	Non	28	96,6	93,3	100,0	*48,3%*
	Oui	1	3,4	6,7	0,0	*48,3%*
Filière bio de bout en bout	Non	27	93,1	93,3	92,9	*25,9%*
	Oui	2	6,9	6,7	7,1	*25,9%*
Taille des exploitations	Non	28	96,6	93,3	100,0	*48,3%*
	Oui	1	3,4	6,7	0,0	*48,3%*
Non/Ne sait pas/Non-réponse	Non	12	41,4	46,7	35,7	*41,3%*
	Oui	17	58,6	53,3	64,3	*41,3%*

Q31. Votre exploitation fait-elle partie d'une association professionnelle ?

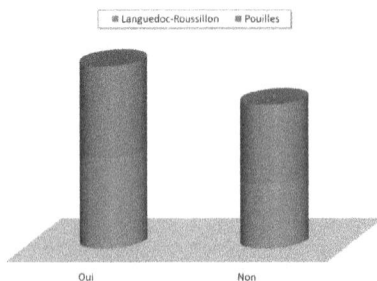

Q32. Quelle valeur attribuez-vous à la présence d'une association de producteurs pour renforcer l'image et la promotion de la marque sur le marché ?

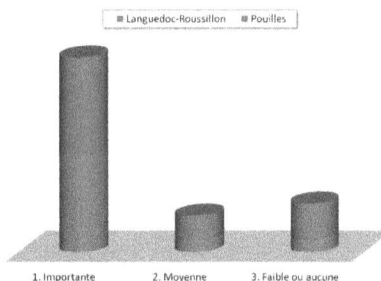

Dans chacune des deux régions, environ 50% des exploitations fait partie d'une association professionnelle. Quant à la valeur attribuée à la présence d'une association de producteurs pour renforcer l'image et la promotion de la marque sur le marché, les deux régions s'accordent également à dire qu'elle est importante, pour plus de la moitié des exploitants. Toutefois, dans les Pouilles, plus de 20% des exploitants n'accorde également qu'une faible, voire aucune, importance à l'adhésion à une association professionnelle. Il est important de noter qu'un tiers des exploitants du Languedoc-Roussillon n'ont pas répondu à cette deuxième question.

Variables	Modalités	Total général		Languedoc-Roussillon	Pouilles	Proba.
		Effectif	%	%	%	
Votre exploitation fait-elle partie d'une association professionnelle ?	*Non-réponse*	4	13,8	20,0	7,1	*32,6%*
	Non	11	37,9	33,3	42,9	*44,2%*
	Oui	14	48,3	46,7	50,0	*42,4%*
Quelle valeur attribuez-vous à la présence d'une association de producteurs pour renforcer l'image et la promotion de la marque sur le marché ?	*Non-réponse*	6	20,7	33,3	7,1	*9,9%*
	1. Importante	16	55,2	53,3	57,1	*43,4%*
	2. Moyenne	3	10,3	6,7	14,3	*47,3%*
	3. Faible ou aucune	4	13,8	6,7	21,4	*27,2%*

Q33. La production biologique vous a apporté :

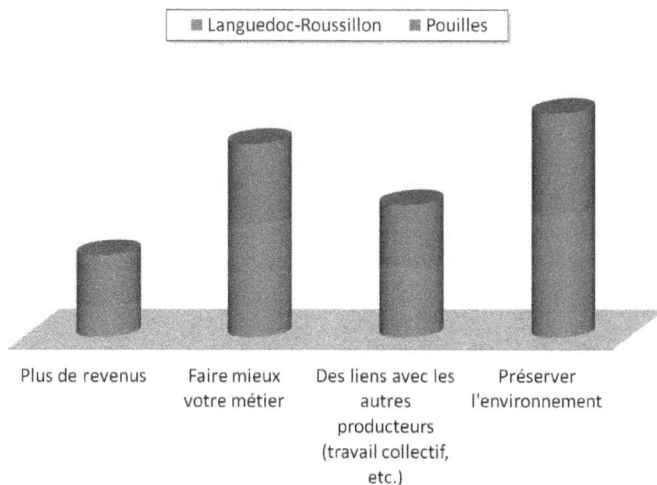

Les opinions des deux régions sur ce que la production biologiqueleur a apporté divergent sur une seule proposition, celle évoquant « Plus de revenus » qui est rejetée par quasiment les trois-quarts des exploitants en Languedoc-Roussillon, alors que dans les Pouilles, ce rejet n'est le fait que d'un tiers des enquêtés. Ils s'accordent pour répondre « Oui » à toutes les autres propositions dont la plus plébiscitée est « Préserver l'environnement » pour 71 à 80% d'entre eux, suivie de la proposition « Faire mieux votre métier » pour 57 à 73%, les liens avec les autres producteurs (travail collectif, etc.) rassemblent entre 43% et 47% de réponses favorables.

Il est à noter que, dans les Pouilles, il y a environ 29% des enquêtés qui ne se sont pas exprimés sur cette série de propositions.

Variables	Modalités	Total général		Languedoc-Roussillon	Pouilles	*Proba.*
		Effectif	%	%	%	
Plus de revenus	*Non-réponse*	5	17,2	6,7	28,6	*14,3%*
	Non	16	55,2	73,3	35,7	*4,8%*
	Oui	8	27,6	20,0	35,7	*29,8%*
Faire mieux votre métier	*Non-réponse*	5	17,2	6,7	28,6	*14,3%*
	Non	5	17,2	20,0	14,3	*46,5%*
	Oui	19	65,5	73,3	57,1	*30,0%*
Des liens avec les autres producteurs (travail collectif, etc.)	*Non-réponse*	5	17,2	6,7	28,6	*14,3%*
	Non	11	37,9	46,7	28,6	*26,8%*
	Oui	13	44,8	46,7	42,9	*43,4%*
Préserver l'environnement	*Non-réponse*	5	17,2	6,7	28,6	*14,3%*
	Non	2	6,9	13,3	0,0	*25,9%*
	Oui	22	75,9	80,0	71,4	*45,8%*

5. Conclusions : scénarios et perspectives

En général, aussi bien dans l'ensemble du secteur que dans les cas plus spécifiques, en particulier à l'égard de l'innovation appliquée à l'agriculture biologique et de qualité, il semble évident souligner l'importance de créer des synergies entre tous les acteurs de la filière afin de surmonter les limitations en terme de taille et d'optimiser les ressources disponibles.

Si l'on retrace le parcours effectué et l'on revient au chapitre I, le concept important de réseau peut se résumer dans l'acte de déléguer à d'autres les fonctions face auxquelles l'entrepreneur agricole montre une efficacité médiocre, ou ne se montre pas assez professionnel et compétitif, en particulier en ce qui concerne les activités en aval de la filière (marketing et communication, distribution et logistique).

Dans un contexte de plus en plus compliqué et articulé, résultant de la mondialisation dominante des marchés et la pression croissante des pays dits émergents, la position compétitive des Pays tels que l'Italie et la France sur des produits à faible et moyenne valeur ajoutée est de moins en moins soutenable, ainsi que le fait de travailler uniquement en termes de réduction des coûts ne peut plus être suffisant. Regarder vers l'avenir, par conséquent, ne veut plus dire se concentrer sur de vieux automatismes actionnés par d'autres sujets; l'agriculture doit également montrer sa capacité à se réinventer et à planifier son avenir par elle-même.

Tout d'abord, on voit émerger les attentes que chaque entrepreneur agricole a sur sa propre entreprise, qui résultent d'idées innovantes, de l'envie de prendre des risques en faisant des investissements, mais, surtout, de la capacité à comprendre ses propres caractéristiques acquises à travers le temps; cette approche permet de se projeter vers l'innovation, la qualité et les relations avec les autres acteurs de la filière, d'une manière complètement différente, en se concentrant sur les histoires des sujets impliqués, donnant plus d'importance aux expériences de vie des personnes concernées et aux relations interpersonnelles, aux réseaux donc, qui créent un espace commun pour explorer les possibilités et les développements futurs.

Comme déjà mentionné, et en accord avec les conclusions des enquêtes en phase de travail sur le terrain, l'un des principaux problèmes auxquels les entreprises agricoles sont confrontées est celui de la taille, qui peut être trop limitée pour mettre en place une idée de business innovante, d'où la nécessité d'adopter des solutions en terme de coopératives ou d'associations de producteurs, pour que les exploitations puissent s'ouvrir et collaborer ensemble selon le modèle de réseau, qui doit inclure également le consommateur final.

De cette façon, l'innovation devient la conséquence naturelle d'un ensemble de comportements convergents de personnes qui, bien qu'ayant des rôles différents, constituent les nœuds des réseaux de relations. Créer des coopératives, de consortiums et/ou des associations de producteurs, ainsi que des réseaux trans-territoriaux et trans-sectoriels, et des réseaux de type verticaux, qui contribuent à former des connexions entre les entreprises afin de sauvegarder des segments de la filière et d'augmenter la spécialisation, signifie pouvoir tracer des parcours que les entreprises agricoles peuvent suivre pour surmonter leur pulvérisation structurelle et être compétitives dans les marchés; les réseaux d'entreprise sont donc la réponse possible aux contextes contemporains.

Les entreprises sont confrontées à un double défi à cause de l'évolution rapide du scénario économique mondial; d'une part, la mondialisation les oblige à être compétitives dans un scénario de plus en plus complexe, de l'autre, un processus de dématérialisation du produit s'impose et cela donne plus de valeur aux phases de conception et de marketing qu'aux phases traditionnelles de transformation et de production. Si chaque entreprise agricole n'arrive pas à surmonter ses propres contraintes en terme de taille et de gestion, il devient difficile d'être compétitif sur le marché mondial, à travers le déploiement de business innovants en mesure d'atteindre efficacement le consommateur final.

Dans le contexte économique mondial actuel, le dépassement du modèle traditionnel fordiste, basé sur de rigides hiérarchies décisionnelles et sur la normalisation productive, porteuse d'une attitude de «fermeture» à l'égard des innovations en provenance de l'extérieur, a conduit à la définition d'une nouvelle approche qui considère la production de ressources cognitives comme une contribution stratégique à gérer dans sa complexité.

En ce sens, le réseau permet à l'entrepreneur[50] d'une petite ou moyenne entreprise d'élargir ses horizons et ses possibilités, sans perdre l'individualité de chaque unité d'entreprise; il convient de souligner que le concept de réseau qu'il faut considérer ne peut pas être assimilé à un ensemble d'individus qui aspirent à devenir les parties actives d'un système plus large, jouant tous le même rôle avec les mêmes compétences. Au contraire, il s'agit de structurer le réseau comme un système stable de rapports entre les différents sujets qui se posent dans des rôles différents, de manière à être interdépendants entre eux et à se spécialiser dans certaines fonctions pour partager l'excellence de leur savoir-faire avec les autres membres du réseau. Pour ce faire, chaque entreprise doit opérer un changement culturel avant même que gestionnaire; uniquement en agissant dans ce sens, le processus de changement gagnera une réelle importance, et permettra ainsi aux productions de qualité et de niche[51] d'être appréciées dans une combinaison de production et de consommation qui respecte et reconnaît, en terme de valeur, les particularités de chaque produit. En ce sens, la glocalisation[52] reflète l'importance stratégique de valorisation des différences et le rachat innovant du secteur agricole qui vise à obtenir des produits de qualité, à travers le développement de codes de conduite et de protocoles de protection, afin d'améliorer ces mêmes produits.

Il est vrai que dans l'agriculture, le rapport entre l'innovation et la mécanisation a tendance à monopoliser le regard et à occulter d'autres façons d'innover; comme cela est arrivé pendant la révolution industrielle, qui a remplacé les machines au travail des animaux et des hommes, encore aujourd'hui, dans de nombreuses entreprises, l'accent est placé sur les machines et leur technologie pour augmenter les volumes de production et/ou la productivité. Cela a conduit à bloquer l'agriculture dans une phase de simple fonction productive, avec les phases de vente et de consommation loin de la plupart des entreprises elles-mêmes, dans une filière agroalimentaire plutôt « schématisée ». S'il est vrai que la culture de l'entrepreneur agricole est encore très liée à la matérialité des processus de production et de transformation, pendant ces dernières années quelque chose commence à changer grâce à une attention croissante vers les activités en aval des filières, ceci grâce aussi au rôle de la GDO (Grande Distribution

---

[50] Les cas examinés sont tous des exemples de petites ou moyennes entreprises.

[51] Le vin biologique peut faire partie de cette catégorie.

[52] La glocalisation a déjà été définie comme l'union des termes globalisation (ou mondialisation) et localisation.

Organisée) et des grandes entreprises de transformation du secteur agroalimentaire qui, en demandant aux producteurs des caractéristiques innovantes, déclenchent un processus vertueux d'apprentissage et d'expérimentation avec les agriculteurs les plus ouverts au rapport avec les différents maillons de la filière et plus disposés à revoir leur propre modèle d'entreprise.

Depuis la création d'une véritable différenciation qualitative de la gamme, qui s'est concrétisée en ajoutant des produits de haute qualité aux simples produits standard, jusqu'aux marques et aux dénominations territoriales d'origine[53], les entreprises agricoles ont commencé à comprendre et à apprécier l'importance de la signification liée à chaque produit et à leur qualité. Cette dernière correspond à une propriété intrinsèque d'un produit, qui se base, d'une part, sur les propriétés organoleptiques intrinsèques et sur la précision du processus de production; de l'autre, sur les aspects liés au rapport avec l'environnement et avec les différents maillons de la filière de production. Dans le contexte actuel, il est nécessaire de souligner le rôle essentiel joué par les intermédiaires et les chaînes de distribution, en particulier celles de grandes dimensions (GDO); les deux, se plaçant comme de forts protagonistes dans les filières nationales et internationales de référence, se placent dans l'espace de communication entre les entreprises agricoles et les consommateurs pour qui les produits dérivés sont destinés. Grâce à leur capacité d'intercepter les souhaits du marché et de les exhorter, ils sont en mesure de pousser les producteurs à s'activer pour trouver des réponses cohérentes aux besoins exprimés par les consommateurs, en créant des synergies précieuses[54].

En conclusion, il convient de souligner que la filière, dans ses relations et l'échange de significations, ne s'épuise pas dans le rapport entre les producteurs et/ou les transformateurs, et les distributeurs; le consommateur final, en particulier dans le domaine de la production de qualité, se transforme de sujet passif à expérimentateur et explorateur, venant à créer de nouvelles façons d'utilisation des produits. Il serait intéressant, comme idée pour de futurs parcours de recherche, de se concentrer sur la demande qu'une typologie de consommateurs dirige vers les produits considérés, pour ainsi dire, de valeur, comme par exemple les produits typiques, biologiques ou encore éthiques[55], par rapport aux versions traditionnelles équivalentes. Analyser les modes de vie et les comportements d'achat et/ou de consommation, ainsi que les exigences, qui changent et évoluent au fil du temps, peut constituer la base d'études approfondies, visant à la mise en œuvre de politiques de *Governance* du territoire réellement porteuses d'un développement durable et solide au fil du temps.

---

[53] On se réfère dans ce cas à toutes les denominations existantes, voir en détail le chapitre I.

[54] Confronter à ce propos l'importance que les entreprises interviewées confèrent aux rapports avec les acheteurs.

[55] Le caractère éthique d'un produit, dans ce contexte, doit être interprété comme il suit : l'utilisation de matières premières issues de cultures réalisées avec des méthodes respectueuses de l'environnement; absence d'exploitation des enfants et des femmes; présence de contrats équitables pour sauvegarder les populations les plus faibles. Comparer, pour avoir un bon exemple à cet égard, le circuit Fair Trade : http://www.fairtrade.net/.

Distribution européenne des surfaces de production biologique (2012)

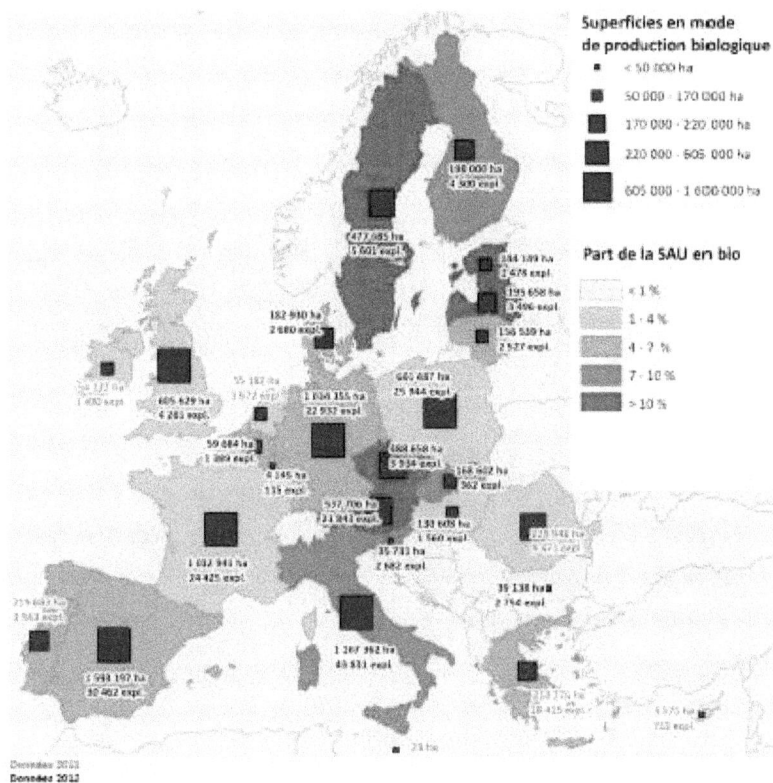

Source: Agence BIO/OC, 2013

Annexe : Questionnaire

Le questionnaire qu'on vous adresse est un instrument de recherche finalisé à ma thèse de Doctorat (*Dottorato di Ricerca*), dont la finalité est l'étude de la filière vitivinicole Bio dans ses aspects économiques et pour les liens avec le contexte territorial de référence .

L'approche méthodologique adopté prévoit la récolte d'une série articulée d'informations relatives aux producteurs, en tant qu'acteurs principaux de la filière.

On vous demande de le remplir avec les infos de type général relatives à l'entreprise (dénomination, lieu, structure de l'entreprise, activités exercées, données économiques etc.) ; successivement on enquête sur les aspects liés au lien avec le territoire d'appartenance, aux motivations liées au choix du Bio et au rapport existant entre ces deux aspects cités. Finalement on demande d'évaluer les modalités actuelles de commercialisation et des relations avec le marché, ainsi que les perspectives futures des mêmes. Les modalités d'évaluation sont différentes, en passant par des questions ouvertes, à des questions sur échelle de − 5 à + 5, de façon à ce qu'une note allant de moins 1 à moins 5 signifie que la caractéristique spécifique représente un point faible et, viceversa, de plus 1 à plus 5 un point de force, et la note 0 (zéro) représente une indifférence absolue de la caractéristique dont à l'objet sur les performances de la filière vitivinicole Bio.

ANAGRAPHE

Pourriez-vous nous fournir les données relatives à l'entreprise ?

a) Dénomination

b) Adresse

c) Nombre des employés (salariés, famille)

d) Superficie plantée de vignes

e) Production totale

f) Production de vin en vrac

g) Production de vin en bouteille

h) Nombre appellation (AOC, IGP, VDP)

i) Présence d'agritourisme dans l'entreprise

PRODUCTION

Comment définiriez-vous le Vin biologique ?

_____

_____

_____

Quelles règles, d'après vous, devraient être adoptées dans la production du vin Bio ?
- Une simple liste des additifs, produits et processus admises
- Règlement complet incluant les additifs, produits et processus admises

Pensez-vous que les règles susdites devraient être adoptées au niveau communautaire ?

_____

_____

Quelle autonomie selon vous devraient avoir, à ce sujet, les Pays membres de l'UE ?

_____

Etiquette : quelles informations selon vous devraient être indiquées sur l'étiquette ? (préciser éventuellement plusieurs alternatives possibles)
- Liste complète des additifs et produits utilisés
- Logo commun européen
- Moyens de production adoptés (par ex. récolte à la main, etc.)
- Autre (spécifier)

Structure des canaux de vente pour le Vin biologique. Lesquels préférez-vous ? Indiquez leur importance en pourcentage :

- Hyper et Supermarchés
- Magasins spécialisés/Boutiques Bio
- Canal HORECA
- Vente directe
- Coopératives
- Autre

Commentaires :

Quels sont pour vous les obstacles les plus évidents au développement du marché des Vins biologiques ? Quelles solutions proposeriez-vous ?
(Echelle de 1 = aucun obstacle à 5 = obstacle très important)

Prix élevés
Points/Score : 1 2 3 4 5
Médiocre qualité du Vin biologique
Points: 1 2 3 4 5

Faible disponibilité quantitative du Vin Biologique
Points : 1 2 3 4 5
Image peu « prestigieuse » du Vin biologique
Points: 1 2 3 4 5
Standard de production du Vin biologique
Fiabilité insuffisante du Vin biologique auprès des consommateurs
Points: 1 2 3 4 5
Obstacles pour le B2B (Business to Business), intermédiaires ou négociants
Points: 1 2 3 4 5
Faible propension à la consommation de Vin de la part des acheteurs de produits biologiques

Points: 1 2 3 4 5

Connaissance limitée du Vin biologique et de la production de Vin biologique de la part des consommateurs

Points: 1 2 3 4 5

Forte compétition de la part du secteur des Vins conventionnels

Points: 1 2 3 4 5

Pourriez-vous quantifier le taux de croissance annuelle des revenus dérivants de la vente de Vin biologique dans les 5 dernières années ?

------------------%

Quel taux de croissance envisagez-vous dans les 5 prochaines années ?

------------------%

Pourriez-vous nous indiquer dans quelle mesure vous partagez les affirmations suivantes ? (échelle de 1= fort désaccord à 5 = très d'accord)

Les consommateurs achètent le Vin biologique seulement pour des événements spéciaux (par ex. pour une invitation,…) -----

Dans l'avenir les consommateurs boiront moins de vin avec plus d'attention à la qualité -----

Les consommateurs connaissent les modalités de production du vin avec référence à l'utilisation d'adjuvants, sulfites, travail, etc.-----

Pourriez-vous nous dire combien d'importance ont les facteurs suivants dans le choix du Vin biologique (consommateurs)? (échelle 1= pas d'importance à 5 = très important)

Prix -----

Rapport Qualité/Prix

Goût -----

Dénomination d'Origine -----

Disponibilité -----

Préservation de la santé

Préservation du environnement

Autre (spécifier)

Commentaires :

Quelles stratégies estimez-vous utiles afin d'augmenter la connaissance des consommateurs et des intermédiaires ou négociants pour ce qui concerne le Vin biologique ?

(Echelle de : Importante, Indifférente, Aucune importance)

Dégustation dans les lieux de vente

Formation ad hoc pour les traders

Campagnes publicitaires et d'information

Packaging commun (logo, etc.) pour les producteurs Bio)

Autre (spécifier)

Nous vous prions de signaler vos préférences dans ce domaine (réponse ouverte) :

Quels Pays/marchés (autre que la France) avec débouché voudriez-vous privilégier ?

_____

Location/emplacement préféré pour la promotion de votre production (foire, rencontre, congrès, etc.)

_____

Événements promotionnels

Pour quelles raisons votre entreprise a choisi de participer à des Foires et des Expositions du secteur ? Et quelle importance attribuez-vous à ces mêmes ? (échelle de 1 à 10)

Depuis combien d'années votre entreprise est présente pendant ces événements ?

Quel est le volume de dépense annuelle que votre entreprise doit soutenir pour les différentes actions de promotion ?

Quel est à peu près le pourcentage des contacts eus pendant les événements promotionnels, qui, à partir de ce moment-là, sont devenu vos clients ?

Quels moyens publicitaires utilisez-vous pour faire de la publicité à votre entreprise, et quelle importance attribuez-vous à chacun d'eux ? (échelle de 1 à 10)

Quelles pourront-être les tendances futures ?

Dans quels marchés a été vendue la production passée, et en quel pourcentage telle production a été absorbée par chacun de ces mêmes marchés par rapport au total ?

Depuis combien d'années votre entreprise adopte la méthode de production biologique ?

Lesquelles parmi les raisons suivantes vous ont poussé à adopter la méthode de production biologique ?
- Prix de vente
- Présence de primes publics
- Valorisation des cépages locaux
- Lien avec le territoire et sauvegarde de la nature/biodiversité
- Marketing et image

Quelle importance attribuez-vous à la production biologique dans la redécouverte et valorisation des cépages locaux?
- Le biologique représente le seul moyen pour atteindre ce but
- Le biologique représente la principale méthode pour atteindre ce but
- Importance moyenne
- Aucune importance en particulier

Quelle importance attribuez-vous à la production biologique dans la sauvegarde de la nature/biodiversité ?
- Le biologique représente le seul moyen pour atteindre ce but
- Le biologique représente la principale méthode pour atteindre ce but
- Importance moyenne
- Aucune importance en particulier

Quelles actions avez-vous entrepris pour s'intégrer dans le territoire? (Par ex. : fermes didactiques, réhabilitation des bâtiments anciens ou des méthodes de vinification, agriculture sociale, etc.)

Pensez-vous que les cahiers de charge actuels de la production biologique est suffisante ? Pensez-vous que la marque européenne (apposée sur les bouteilles) est suffisante à identifier telle méthode de production sur le marché ? Avez-vous des suggestions pour améliorer la communication du « brand » biologique envers les consommateurs ?

Votre exploitation fait-elle partie d'une association professionnelle? Quelle valeur attribuez-vous à la présence d'une association de producteurs pour renforcer l'image et la promotion de la marque sur le marché ?

La production biologique lui a apporté:
- Plus de revenus
- Faire mieux son métier
- Des liens avec les autres producteurs (travail collectif, etc.)
- Préserver l'environnement

Bibliographie

"La territorialité, une théorie à construire". Colloque du 28 septembre 2001 en hommage à Claude Raffestin suivi de Jocelyne Hussy. Le défi de la territorialité (extrait). Cahiers géographiques n° 4, 2002.

BARJOLLED D., SYLVANDER B., "Alcuni fattori di successo per i prodotti di origine controllata, *dans* Agri-Food Supply Chains *dans* Europa: Mercato, risorse interne ed istituzioni", Economies et Société, *Quaderni dell'ISMEA, Serie Sviluppo Agroalimentare,* 25, 2002.

BOCCHI S., MAGGI M., *Agroecologia, sistemi agro-alimentari locali sostenibili, nuovi equilibri campagna-città*, dans "Scienze del Territorio", n. 2/2014, Firenze University Press, p. 95-100.

BRUGAROLAS M., MARTINEZ-CARRASCO L., BERNABEU R., MARTINEZ-POVEDA A., *A contingent valuation analysis to determine profitability of establishing local organic wine markets in Spain*, Renew. Agric. Food Syst. 25 (1), 2009, p. 35-44;

CASTELLINI A., et al., *Italian market of organic wine: a survey on production system characteristics and marketing strategies*, "Wine Economics and Policy", 2015.

Comparer les résultats de la Conférence qui a eu lieu le 7 mars 2012 auprès de la Commission Européenne, dont le titre est "Enhancing innovation and the delivery in European research agriculture", disponibles en cliquant sur le lien http://ec.europa.eu/agriculture/events/research-conference-2012_en.htm.

CRESCIMANNO M., FICANI G.B., GUCCIONE G., T*he production and marketing of organic wine in Sicily*, Br. Food. J., 104 (3-5), 2002, p. 274-286.

DI COMITE L., GIORDANO S., *Geografia della fame: sessanta anni dopo!*, in "Rivista Italiana di Economia, Demografia e Statistica", Roma, Volume LXVII, n. 3/4, Luglio-Dicembre 2013, p.111-119.

GRIFFON M., *Révolution Verte, Révolution Doublement Verte. Quelles technologies, institutions et recherche pour les agricultures de l'avenir?*, in "Mondes en développement", 1, n. 117, 2002.

Document de travail, Groupe INRA-INAO, septembre 2004.

FORMICA C., *Geografia dell'Agricoltura*, Rome, La Nuova Italia Scientifica, 1996, p. 139-140.

GUILLE-ESCURET G., *Les techniques, entre tradition et intention*, "Techniques et culture", n° 42, Du virtuel@l'âge du fer.com, décembre (2003).

HINNEWINKEL J.C., *Terroirs viticoles et appellations: Historique et actualités dans les vignobles de rive droite de la Garone*, Les coteaux du Bordelais, Recherches rurales n°1, Cervin, GEASO, 1997.

PRIGOGINE I., STENGERS I., *La nuova alleanza. Metamorfosi della scienza* tr. it. Sous la direction de NAPOLITANI P.D., Turin, Einaudi, 1999.

INAO, *Les terroirs viticoles : du concept au produit, rapport au comité national uins et eaux de vie*, Paris, 2002.

JONIS M., SOLTZ H., SCHMID O., HOFMANN U., TRIOLI G., *Analysis of organic wine market needs*, in "Proceedings of the 16th IFOAM Organic World Congress", 16-20 Giugno 2008, Modena, disponible en cliquant sur le lien orgprints.org/12161/1/Orwine_market_study.doc.

JULLIEN A., *Topographie de tous les vignobles connus* (troisième édition), Paris, 1832, p. 580.

KELLY S., HEATON K., HOOGEWERFF J., *Tracing the geographical origin of food : The application of multi-element and multi-isotope analysis*, in "Trends in Food Science & Technology", 16 (12), 2005, p. 555-567.

KOSTROWICKI J., *The Types of Agriculture Map of Europe in 9 Sheets 1:2.500.000*, in "Institute of Geography and Spatial Organization", Warsaw, 1984.

MABY J., *Campagne di ricerca. Approccio sistemico dello spazio rurale*, Avignon, Université d'Avignon et des Pays de Vaucluse, 2002, col. 1, p. 154.

MINISTÈRE DE L'AGRICULTURE, DE LA PÊCHE ET DE LA RURALITÉ, *Guide pour une protection durable de la vigne : stratégie de protection pour une utilisation raisonnée et durable des intrants phytosanitaires en viticulture*, 2005, p. 34.

PERI C., e GAETA D., *La necessaria riforma della regolamentazione europea delle denominazioni di qualità e di origine*, "Economia rurale" 258, juillet-août 2000, p. 42-53.

RAFFESTIN C., *Ecogénèse territoriale et territorialité*, dans: Auriac, Franck, Brunet, Roger (Hg.), "Espaces, jeux et enjeux", Paris, (1986a), S. 173-185.

ROSSETTO L., *Marketing strategies for organic wine growers in the Veneto region*, "Working Paper" WP02-4, 2002., (http://ageconsearch.umn.edu/bitstream/14363/1/wp02-04.pdf).

SHEFFER S., *Qu'est-ce qu'un produit alimentaire lié à une origine géographique?* in "L'information géographique", Paris, Persée, MERS, 2004, vol. 68, n° 3, pp. 276-208.

THACH, L., MATZ, T., *Wine a Global Business*, "Miranda Press", Elmsford, New York, 2008.

VAGNOZZI A., *La nuova consulenza gioca a tutto campo*, "Pianeta PSR", Speciale PAC, Rete Rurale Nazionale, 2011.

VIDAL DE LA BLACHE P., *Tableau de la Géographie de la France*, in "Histoire de France", Paris, 1903-1922, Paris, rééd. Éd. de la Table Ronde, 1994.

Sitographie

http://ageconsearch.umn.edu/bitstream/14363/1/wp02-04.pdf

http://ec.europa.eu/agriculture/cap-post-2013/index_fr.htm.

http://ec.europa.eu/agriculture/committees/organic/105.pdf.

http://ec.europa.eu/europe2020/index_it.htm

http://ec.europa.eu/programmes/horizon2020/.

http://ec.europa.eu/research/innovation-union/index_en.cfm?pg=eip et, surtout au secteur agricole http://ec.europa.eu/eip/agriculture/.

http://eur-lex.europa.eu/legal-content/IT/TXT/?qid=1410294938296&uri=CELEX:32012R0203.

http://www.fairtrade.net/.

http://www.ifoam-eu.org/sites/default/files/page/files/ifoameu_reg_wine_dossier_20130_it.pdf.

http://www.organic-wine-carta.eu/.

http://www.orwine.org/.

http://www.sudvinbio.com/